新型职业农民科技培训教材

蔬菜园艺工

（北方部分）

徐洪海　陈　勇　王玉新　主编

中国农业科学技术出版社

图书在版编目(CIP)数据

蔬菜园艺工. 北方部分 / 徐洪海，陈勇，王玉新主编. —北京 ：中国农业科学技术出版社，2014.7

ISBN 978-7-5116-1714-9

Ⅰ. ①蔬… Ⅱ. ①徐… ②陈… ③王… Ⅲ. ①蔬菜园艺 Ⅳ. ①S63

中国版本图书馆 CIP 数据核字(2014)第 136043 号

责任编辑　崔改泵　白姗姗
责任校对　贾晓红

出 版 者　中国农业科学技术出版社
　　　　　北京市中关村南大街 12 号　邮编:100081
电　　话　(010)82106624(发行部) (010)82109194(编辑室)
传　　真　(010)82106650
网　　址　http://www.castp.cn
经 销 者　各地新华书店
印 刷 者　北京富泰印刷有限责任公司
开　　本　850mm×1 168mm　1/32
印　　张　5
字　　数　121 千字
版　　次　2014 年 7 月第 1 版　2014 年 7 月第 1 次印刷
定　　价　18.00 元

版权所有 · 翻印必究

《蔬菜园艺工(北方部分)》编委会

主　编　徐洪海　陈　勇　王玉新

副主编　王永立　孔亚丽　元建芳

编　委　周艳勇　毕学君　高增利

万　国

目 录

第一章　蔬菜栽培的基础知识

第一节　蔬菜栽培概述

一、蔬菜的定义

“蔬菜”一词，按《说文》注释，“蔬，菜也”，可见“蔬”与“菜”是两个异体同义字。《尔雅》中说：“凡草本可食者通名为蔬”。然而现代蔬菜及食品专家认为，凡是栽培的一二年生或多年生草本植物，也包括部分木本植物和菌类、藻类，具有柔嫩多汁的产品器官，可以佐餐的所有植物均可列入蔬菜的范畴。常见蔬菜，如黄瓜、番茄、辣椒、大白菜、萝卜、豇豆、马铃薯、大葱、莲藕、花椰菜等；稀有蔬菜，如芽苗菜、青花菜、生菜、山药、芦笋、香椿等；调味品蔬菜，如花椒、茴香、生姜等；野生蔬菜，如荠菜、马齿苋、鱼腥草、车前草等；食用菌类，如平菇、香菇、木耳、银耳、蘑菇、金针菇等；还有海带、紫菜等。

二、蔬菜栽培及其特点

蔬菜栽培是根据蔬菜作物的生长发育规律及其对栽培环境的要求，确定合理的栽培制度和管理措施，创造适宜蔬菜作物生长发育的环境，以获得优质高产、品种多样的蔬菜产品的过程。蔬菜栽培具有以下特点。

(1)季节性强。蔬菜栽培季节性强，尤其是露地蔬菜栽培，因受自然条件影响，有些作物只能在特定的季节栽培，或虽能在不适宜季节栽培但产量波动大,表现出明显的生产旺季和淡季现象。

(2)生产集约化。蔬菜栽培是劳动密集型和技术密集型相结合的产业,除要求具有良好的栽培条件外,精耕细作和科学管理是获得高产的必备条件,因此相对来说用工多,生产成本高,效益较高。

(3)复种指数高。因蔬菜的生长期相对较短,在同一块土地上一年内可种植多茬不同的蔬菜,提高了土地的利用率,增加了单位土地面积的产出。

(4)形式多样性。同一种蔬菜可以露地栽培也可进行设施栽培,并且同一种蔬菜在南北各地的栽培时间、栽培方法等都有较大的差异,形成了蔬菜栽培的区域特色、产品特色和管理特色。

第二节　蔬菜的分类

一、植物学分类

根据植物学形态特征,按照科、属、种、变种进行分类的方法。我国蔬菜植物共有 20 多科,其中,绝大多数属于种子植物,双子叶和单子叶的均有。在双子叶植物中,以十字花科、豆科、茄科、葫芦科、伞形科、菊科为主。单子叶植物中,以百合科、禾本科为主。植物学分类的优点是可以明确科、属、种在形态、生理上的关系,以及遗传上、系统发生上的亲缘关系。但是,植物学的分类法也有较大缺点,比如番茄和马铃薯同属茄科,但在栽培技术上相差很大,不利于在生产中掌握。

二、食用部位分类

按照食用部位的分类,可分为根、茎、叶、花、果 5 类,不包括食用菌等特殊种类。

(1)根菜类。主要有食用肉质根类,例如,萝卜、胡萝卜、芜菁甘蓝等;食用块根类,例如,豆薯、葛等。

(2)茎菜类。主要有地下茎类,例如,马铃薯、菊芋、姜、藕、芋、慈姑等;地上茎类,例如,莴苣、茭白、菜薹、石刁柏、榨菜等。

(3)叶菜类。主要有普通叶菜类,例如,小白菜(青菜)、芥菜、芹菜、菠菜、苋菜、叶用莴苣、叶用甜菜等;结球叶菜类,例如,结球生菜、结球甘蓝、大白菜等;香辛叶菜类,例如,葱、芫荽、韭菜、茴香等;鳞茎类,例如,洋葱、大蒜、百合、胡葱等。

(4)花菜类。例如,花椰菜、青花菜、金针菜、朝鲜蓟等。

(5)果菜类。主要包括瓠果类,例如,黄瓜、南瓜、西瓜、甜瓜、冬瓜、瓠瓜、苦瓜、丝瓜等;茄果类,例如,茄子、辣椒、番茄等;荚果类,例如,豇豆、菜豆、刀豆、毛豆、豌豆、蚕豆等。

三、农业生物学分类

根据蔬菜的农业生物学特性进行分类的方法,称为农业生物学分类法。由于农业生物学分类法比较切合生产实际,因此,应用也较为普遍。按照农业生物学分类法,可将蔬菜分为11类。

(1)根菜类。包括萝卜、胡萝卜、大头菜等。其特点是:①以肥大肉质根供食用;②要求疏松肥沃、土层深厚的土壤;③第一年形成肉质根,第二年开花结籽。

(2)白菜类。包括大白菜、青菜、芥菜、甘蓝等。其特点是:①以柔嫩的叶球或叶丛供食用;②要求土壤供给充足的水分和氮肥;③第一年形成叶球或叶丛,第二年抽薹开花。

(3)茄果类。包括番茄、辣椒和茄子 3 种蔬菜,其特点是:①以熟果或嫩果供食用;②要求土壤肥沃,氮、磷充足;③此类作物都要先育苗,再定植于大田。

(4)瓜类。包括黄瓜、冬瓜、南瓜、丝瓜、瓠瓜、苦瓜、菜瓜等。

其特点是:①以熟果或嫩果供食用;②要求高温和充足的阳光;③雌雄异花同株。

(5)豆类。包括豇豆、菜豆、蚕豆、豌豆、毛豆、扁豆等。其特点是:①以嫩荚果或嫩豆粒供食用;②根部有根瘤菌,进行生物固氮作用,对土壤肥力要求不高;③除蚕豆、豌豆要求冷凉气候外,均要求温暖气候。

(6)绿叶菜类。包括菠菜、芹菜、苋菜、莴苣、茼蒿、蕹菜等。其特点是:①以嫩茎叶供食用;②生长期较短;③要求充足的水分和氮肥。

(7)薯芋类。包括马铃薯、芋、山药、姜等。其特点是:①以富含淀粉的地下肥大的根茎供食用;②要求疏松肥沃的土壤;③除马铃薯外生长期都很长;④耐贮藏,为淡季供应的重要蔬菜。

(8)葱蒜类。包括葱、蒜、洋葱、韭菜等。其特点是:①以富含辛香物质的叶片或鳞茎供食用;②可分泌植物杀菌素,是良好的前茬作物;③大多数耐储运,可作为淡季供应的蔬菜。

(9)水生蔬菜类。包括茭白、慈姑、藕、水芹、菱、荸荠等。其特点是要求肥沃土壤和淡水层。

(10)多年生蔬菜。包括竹笋、金针菜、石刁柏(芦笋)等。一次繁殖后,可以连续采收多年,除竹笋外,其他种类地上部分每年枯死,以地下根或茎越冬。

(11)食用菌。包括蘑菇、草菇、香菇、木耳等。其中,有的可人工栽培,有的是野生或半野生状态。

第三节　蔬菜的生长发育

蔬菜植物的种子发芽,形成幼苗,开花结实以及形成产品器官,都要经过一系列的生长发育过程。栽培上常依据这个发育过程的每一个时期,配合以适宜的环境条件及人为的条件即栽培措施。因此，要讨论栽培的生理基础，必须从生长发育谈起。

一、蔬菜的生长发育时期

（一）蔬菜的生长发育时期阶段的划分

通常所说的生长发育时期是指从种子发芽到重新获得种子的整个过程，又可分为种子期、营养生长期和生殖生长期，每一个时期又可分为几个更小的时期。在一些蔬菜的生长发育过程中，其营养生长期和生殖生长期在时间上常有交叉。

1. 种子期

从卵细胞受精到种子开始发芽为种子期。此期又可以分为以下 3 个时期。

(1)胚胎发育期。从卵细胞受精到种子成熟为止。受精以后，子房发育成果实，胚珠发育成种子。这一时期为营养物质合成和积累的过程，受外界环境条件的影响很大，在栽培过程中应供给母体植株良好的营养条件，包括光合作用条件与肥水供应，以保证种子的健壮发育。

(2)种子休眠期。种子成熟以后就进入休眠期。不同种类的蔬菜种子，其休眠期的长短各有不同。有的蔬菜种子休眠期比较长，有的较短，有的几乎没有。休眠状态的种子，代谢水平很低，如果保存在冷凉而干燥的环境下，可以降低其代谢水平，保持更长的种子寿命。因此，种子寿命与贮藏的条件有密切的关系。

(3)种子发育期。种子经休眠以后，遇到适宜的环境(温度、水分、氧气等)就会发芽。发芽时所需要的能量靠种子本身贮藏的物质，所以，种子的大小、贮藏物质的多少对种子的发芽快慢及幼苗生长影响很大。因此，在栽培上，要选择籽粒饱满而发芽能力强的种子，并提供合适的发芽条件。生产中，播种前测定发芽率及发芽势是非常必要的。

2. 营养生长期

蔬菜植物在营养生长期,迅速增加同化面积和发展根系,将外界获得的物质都用于根、茎、叶等器官的生长和营养物质的积累上,此期又可分为4个时期。

(1)幼苗期。从子叶或第一片真叶展开,开始独立生活即进入幼苗期,也是营养生长的初期。蔬菜植物在幼苗期,绝对生长量很小,但生长迅速,代谢旺盛,生命力很强。由光合作用合成的营养物质,除了呼吸消耗外,几乎全部供新生的根、茎、叶的需要。此时,它的同化器官叶片和吸收器官根都很幼小,抗逆性差,对土壤水分、养分等环境条件的要求都很严格。

蔬菜幼苗生长的好坏,对以后的生长发育有很大的影响。多数果菜类蔬菜,在幼苗期就开始花芽分化,故幼苗生长的好坏,会影响花芽分化的早晚、数量和质量,对果菜类蔬菜早熟丰产有直接的影响。生产上必须创造良好的环境条件育壮苗。

(2)营养生长旺盛期。从幼苗以后,一年生的果菜类蔬菜,有一个营养生长旺盛期、枝叶及根系生长旺盛期,为以后开花结实的养分供应打下基础。二年生的叶菜或根菜类,也有一个营养生长(如结球叶菜类的外叶或根菜类的地上部)的旺盛期,成为以后叶球、肉质根形成的营养基础。薯芋类和葱蒜类同样有一个营养生长期,为贮藏器官的形成奠定营养基础。栽培上要创造条件,促进枝叶和根系的生长发育。

(3)贮藏器官形成期。这一时期是二年生或多年生蔬菜,如白菜、萝卜等所特有的一个时期。此时营养生长速度缓慢,进入营养积累期,同化作用大于异化作用。结球白菜、甘蓝等养分积累在叶球中;根菜类养分积累在肉质中;葱蒜类养分积累在鳞茎中。这一时期为产品器官形成期,所以栽培上要将这一时期安排在气候适宜的季节里,同时肥水要充足。

(4)贮藏器官休眠期。对于二年生或多年生蔬菜,在其贮藏器官,即产品器官形成以后,为适应外界不良环境条件,利用贮藏器官进行休眠。这种休眠是自发性的生理休眠，如马铃薯的块茎、大蒜和洋葱的鳞茎等，在其贮藏器官形成以后，必须要有一段时间的休眠。在此休眠期间，即使给予适宜的温度、水分等良好的外界条件，它们也不会发芽生长。但大部分蔬菜贮藏器官的休眠是强迫休眠，如大白菜、萝卜等，它们的贮藏器官形成以后，一旦遇到适宜的生长条件，即可发芽或抽薹。贮藏器官休眠程度往往不及种子休眠深。

一年生的果菜类，没有贮藏器官休眠期，二年生蔬菜中不形成叶球和肉质根的如菠菜、芹菜、不结球白菜等，也没有这一休眠期。

3. 生殖生长期

蔬菜的营养生长经过了一系列的变化以后，在茎的生长锥上开始花芽分化，即进入生长期。此期又可以分为以下 3 个时期。

(1)花芽分化期。花芽分化是植物由营养生长过渡到生殖生长的形态特征，是指花芽分化到开花前的一段时间。果菜类在幼苗期就开始花芽分化。二年生蔬菜，通过阶段发育以后，生长点开始花芽分化，然后现蕾开花。在栽培上，要具有满足花芽分化的环境条件，使其及时发育。

(2)开花期。从现蕾开花到授粉、受精，是生殖生长的一个重要时期。这一时期，对外界环境的抗性较弱，对温度、光照及水分的反应敏感，如温度过高或过低，光照不足，或过于干燥等，都会影响授粉、受精，引起落花落果。

(3)结果期。授粉、受精后，子房膨大形成果实。对果菜类讲，这是形成产量的重要时期，尤其对于多次结果、陆续采收的茄果类、瓜类、豆类等蔬菜，一面开花结果，一面仍有旺盛的营养生长，所以栽培上需要大量的水肥供应才能保证丰产。

以上所说的生育过程，只是一个一般的概括，对某一种蔬菜作物来说，并不全部具有这些时期。以营养器官繁殖的蔬菜如薯芋类及部分葱蒜类和水生蔬菜,在栽培过程中不经过种子时期,也不必注意到植株的花芽分化及开花结果问题。当然,有些无性繁殖的蔬菜种类,植株也能开花,有些还可能结出种子,但与有性繁殖的种类相比,仍有较大的不同。

(二)蔬菜的生长发育周期的特点

由于蔬菜种类繁多,特性各异,从种子播种到采收新的种子的整个发育过程,所需要的时间也有长有短。因此,大致可分为一年生、二年生和多年生蔬菜 3 类。另外,也有一部分蔬菜在生产上不用种子繁殖而是用无性器官进行繁殖。

1. 一年生蔬菜

它是指当年播种,当年开花结果,并可采收果实或种子的蔬菜种类,例如茄果类、瓜类和喜温的豆类等。这些蔬菜在幼苗成长后不久,就开始花芽分化,其开花期和结果期较长。

2. 二年生蔬菜

在播种当年进行营养生长,经过一个冬季,到第二年才抽薹开花、结实。在营养生长期中形成叶球、鳞茎、块根、肉质根等,例如白菜、甘蓝、芥菜、萝卜、胡萝卜、芜菁以及一些耐寒绿叶菜类。

3. 多年生蔬菜

在一次播种或栽培后,可以采收多年,不需每年进行繁殖,例如金针菜、食用大黄、石刁柏、辣根、菊芋、韭菜等。

4. 无性繁殖类

一些蔬菜在生产上通常是用其营养器官如块茎、块根或鳞茎等进行繁殖。无性繁殖的蔬菜种类有马铃薯、甘薯、山药、菊芋、生姜、大蒜、分蘖洋葱等。

以上划分仅是对蔬菜正常播种期的生长发育而言。随着环境条件的不同或播种期的改变,一年生和二年生作物之间,或二年生与多年生作物之间,有时是很难截然分开的。例如菠菜、白菜、萝卜等，如果在秋季播种，当年形成叶丛、叶球或肉质根，而要到翌年春天抽薹开花，表现为典型的二年生蔬菜。但这些种类在早春天气尚冷时播种，当年也可以抽薹开花，而变为一年生蔬菜。

二、蔬菜的生长相关现象与产品器官形成

（一）蔬菜的生长相关现象

植物是一具有根、茎、叶、花和果实等多个器官的有机体，构成这一有机体的各个器官或部分有着一定的分工和密切的联系。人们把同一植株的一部分或一个器官对另一部分或另一个器官在生长过程中的相互关系称为生长相关性。在蔬菜生产中，生长相关得到平衡，经济产量就可能高；否则经济产量就低。生产上可以通过土壤、肥料及水分的管理，温度及光照的控制，以及植株调整（包括整枝、整蔓、疏花以及摘叶、打顶等）来调节这种相关关系以获得高产。在蔬菜栽培中有两个重要的生长相关，即地上部与地下部的相关，以及营养生长与生殖生长的相关。

1. 地上部与地下部的相关

植物的地下部即根系在吸收养分和水分的同时，还向地上部输送类似细胞分裂素等根源激素或其他信号物质。同样，地上部是植物同化作用的场所而不断提供根系生长所需的碳水化合物等。因此，这两者之间存在相互依存的关系。“壮苗必须先壮根”、“根深叶茂”和“本固叶荣”等农谚，深刻地说明植物地上部分和地下部分相互促进协调生长的关系，其原因在于营养物质和生长物质的交换。地下部环境的改变，可通过根系的生长乃至信号转导等途径来影响地上部的生长。对于作物来说，根冠比反映了作物生长状况以及环境条件对作物地上部和地下部的不同影响。但环境条件发生改变时，植物根和地上部的生长就会发生变化，从而改变根冠比。一般来说，干旱，过量磷、钾肥和低温均会提高根冠比；而水分和氮肥过多，磷、钾肥缺乏，光照不足和高温则会

导致根冠比的减少。因此,在栽培中要协调好两者的关系,从而形成一个合理的根冠比,获得较高的产量,这对以地下根或茎为产品器官(如马铃薯、莲藕、胡萝卜)的蔬菜尤为重要。一般在生长前期保证水、氮肥供应,使地上部生长良好,生长后期施磷、钾肥,促进地上部合成的有机物质贮藏到根部。在蔬菜生长中,还存在顶端优势现象。对于番茄等蔬菜,一般需要除去侧枝以保持顶端优势,减少养分消耗,而在部分甜瓜栽培时,则要在适当的时候进行打顶从而促进侧枝的发生,早坐果和坐果好。

2. 营养生长与生殖生长的相关

营养生长与生殖生长是植物生长周期中的两个不同阶段。从一定意义上说,营养器官是光合产物的源,而果实等生殖器官则是接受光合作用产物的库,生殖生长需要以营养生长为基础。但如果营养生长过旺,即会影响到生殖器官的形成和发育。在栽培时若氮肥及水分施用过多而结果又少,往往导致徒长。在蔬菜瓜类的生产中,可以经常看到由于肥水过多,结果不良所引起的徒长现象;反之,如果过早地进入生殖生长,将会抑制营养生长。由于开花结果过多而影响营养生长的现象在蔬菜生产上也时有发生。黄瓜等结果以后,茎的伸长生长就逐渐缓慢下来,因此,要及时采收,不然不仅浪费光合作用产物,还会影响果实的品质,同时营养生长也受到抑制。

蔬菜作物的产品有叶、茎和根等营养器官,也有果实和种子等生殖器官作为产品器官。因此,协调好营养生长与生殖生长两者关系,是获得高产、优质的基础。

(二)蔬菜的产品器官形成

不论是一年生还是二年生蔬菜,在它们生活周期中各种产品器官——块根、块茎、鳞茎、叶球、花球、果实、种子,都不是在同一时期以同等速度生长和形成的。在不同的生长发育时期,有不同的生长中心。当生长中心转移到产品器官的形成时,是形成产量的主要时期。由于蔬菜种类不同，形成产品器官的类型也不同。

(1)以果实及种子为产品的一年生蔬菜。如瓜菜、茄果类和豆类，它们产品器官(果实或嫩种子)的形成有赖于足够同化器官的生长，以保证果实及种子正常生长。但如果茎叶徒长，同化物质都运转到新生的枝叶中去，也不能获得果实和种子的高产。

(2)以地下贮藏器官为产品的蔬菜。如薯芋类、根菜类和鳞茎类等。当营养生长到一定的阶段，在适宜的环境下才能形成地下贮藏器官。如马铃薯块茎的形成，要求较短的日照及较低的夜温。如果在高温条件下，地上部茎叶可能徒长，而地下部的块茎不一定能形成，但品种之间又有差别，早熟种对短日照及低温的要求不严格，晚熟种要求比较严格。又如大蒜、洋葱鳞茎的形成，则要求较长的日照及较高的温度，若在低温及短日照条件下，则不会形成鳞茎。此外，在长日、低温下，或短日、高温下，也不易形成鳞茎。当块茎和鳞茎迅速膨大时，植株其他部分的营养物质就会运转到这些块茎和鳞茎中去，也就是生理活性小的器官中的营养物质，就会运转到生理活性大的器官中去。这是器官功能与形态统一的关系。

(3)以地上部茎叶为产品器官的蔬菜。如白菜、甘蓝、绿叶菜等，其产品器官叶丛、叶球、球茎或一部分短缩茎是养分的集中部位。不结球的叶菜类在营养生长不久以后，便开始形成产品器官；结球的叶菜类，要营养生长到一定程度以后，才形成叶球。所以不论是果实、叶球、块茎或鳞茎等，都不是在种子发芽以后立即形成的，而是首先长出大量的同化器官，然后才形成贮藏器官。在栽培上都要在其营养生长时期，形成大量的同化器官是贮藏器官的高产保证。许多贮藏器官为根、茎、叶的变态，如叶球是叶的变态；块茎、球茎为茎的变态；肉质根和块根是根的变态。当这些叶、茎、根变为贮藏器官以后，便失去了它们原来的生理功能。

第二章　蔬菜栽培的基本技术

第一节　蔬菜播种技术

一、蔬菜种子

(一)蔬菜种子的定义

狭义蔬菜种子专指植物学上的种子。蔬菜栽培上所用的种子是指所有用来播种进行繁殖的植物器官或组织,可分为5类。第一类是由受精的胚珠发育而成的真正的种子,如十字花科、豆科、茄科、葫芦科、百合科、苋科等蔬菜的种子。第二类是植物学上的果实,如伞形科、藜科、菊科等蔬菜种子。第三类是营养器官,有鳞茎(大蒜、洋葱)、球茎(芋、荸荠)、块茎(马铃薯、山药、菊芋等)、根状茎(藕、姜),另外,还有枝条和芽等。第四类是菌丝组织和孢子,如食用菌和蕨菜等的繁殖体。第五类是人工种子,目前尚未普遍应用。优良的种子是培育壮苗及获得高产的基础。

(二)蔬菜种子的形态

种子的形态主要包括种子的形状、大小、色彩、表面光洁度、种子表面特点等外部特征以及解剖结构特征,是鉴别蔬菜种类、判断种子质量的主要依据。如茄果类的种子为肾形,茄子种皮光洁,辣椒种皮厚薄不匀,番茄种皮则附着银色茸毛;白菜和甘蓝种子的形状、大小、色泽相近,均为球形黄褐色小粒种子,但白菜种子球面单沟，甘蓝种子球面双沟等。主要蔬菜的种子形态见图 2—1。

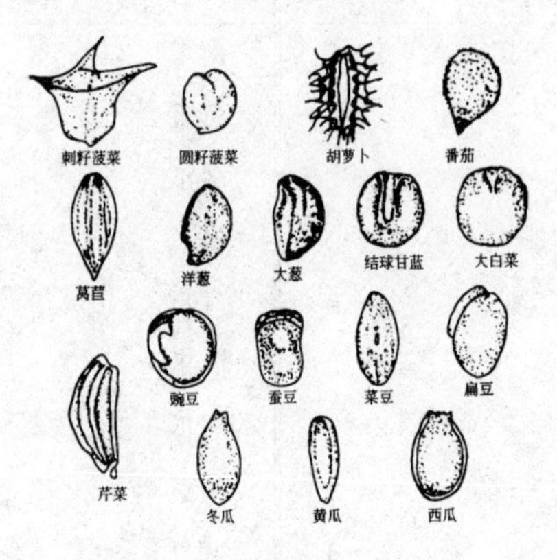

图 2—1　蔬菜种子的形态

蔬菜种子的大小差别很大，小粒种子的千粒重只有 1g 左右，大粒种子的千粒重却高达 1 000g 以上。一般来说，豆类和瓜类蔬菜的种子比较大，绿叶蔬菜的种子相对较小，如芹菜、苋菜、莴苣种子的千粒重不足 1g。

（三）蔬菜种子的寿命

蔬菜种子的寿命是指在一定环境条件下种子保持发芽能力（生活力）的年数，又称发芽年限。种子寿命的长短，取决于本身的遗传特性，以及种子个体生理成熟度、种子的结构、化学成分等因素，同时，也受贮藏条件的影响。在自然条件下，不同蔬菜种子的寿命差异很大，见表 2—1。

表 2—1　自然贮藏条件下主要蔬菜种子寿命与使用年限 单位：年

蔬菜名称	寿命	使用年限	蔬菜名称	寿命	使用年限
大白菜	4～5	1～2	番茄	4	2～3
结球甘蓝	5	1～2	辣椒	4	2～3
球茎甘蓝	5	1～2	茄子	5	2～3

续表

蔬菜名称	寿命	使用年限	蔬菜名称	寿命	使用年限
花椰菜	5	1～2	南瓜	5	2～3
芥菜	4～5	2	黄瓜	4～5	2～3
萝卜	5	1～2	冬瓜	4	1～2
芜菁	3～4	1～2	瓠瓜	2	1～2
根用芥菜	4	1～2	丝瓜	5	2～3
菠菜	5～6	1～2	西瓜	5	2～3
芹菜	6	2～3	甜瓜	5	2～3
胡萝卜	5～6	2～3	菜豆	3	1～2
莴苣	5	2～3	豇豆	5	1～2
洋葱	2	1	豌豆	3	1～2
韭菜	2	1	蚕豆	3	2
大葱	1～2	1	扁豆	3	2

二、种子播前处理

为了使种子播后出苗整齐、迅速、健壮，减少病害感染，增强种胚和幼苗的抗逆性，达到培育壮苗的目的，播前常进行种子处理。

(一)浸种、催芽

浸种和催芽是蔬菜生产上普遍采用的种子处理方法。

1. 浸种

浸种是将种子浸泡在一定温度的水中，使其在短时间内吸水膨胀，达到萌芽所需的基本水量。根据浸种水温可分为一般浸种、温汤浸种和热水烫种等。

(1)一般浸种。用常温水浸种，使种子吸胀，但无杀菌和促进吸水的作用，适用于种皮薄、吸水快、易发芽不易受病虫污染的种子，如白菜、甘蓝等。

(2)温汤浸种。水温 50～55℃，这是一般病菌的致死温度，需保持 10～15min，并不断搅拌，使水温均匀，随后使水温自然下降至室温，按要求继续浸泡。温汤浸种具有灭菌作用，但促进吸水效果仍不明显，适用于瓜类、茄果类、甘蓝类等蔬菜种子。

(3)热水烫种。为更好地杀菌，并使一些不易发芽的种子易于吸水，水温 70～85℃。先用凉水浸湿种子，再倒入热水，来回倾倒，直至温度下降到 55℃左右时，用温汤浸种法处理。适用于种皮厚、透水困难的种子，如茄子、冬瓜等。

浸种时应注意以下几点：第一，要把种子充分淘洗干净，除去果肉物质后再浸种；第二，浸种过程中要勤换水，保持水质清新，一般每 12h 换 1 次水为宜；第三，浸种水量要适宜，以略大于种子量的 4～5 倍为宜；第四，浸种时间要适宜。主要蔬菜的适宜浸种水温与时间见表 2－2。

表 2－2　主要蔬菜浸种、催芽的适宜温度与时间

蔬菜种类	浸种		催芽		蔬菜种类	浸种		催芽	
	水温(℃)	时间(h)	温度(℃)	时间(d)		水温(℃)	时间(h)	温度(℃)	时间(d)
黄瓜	25～30	8～12	25～30	1～1.5	甘蓝	20	3～4	18～20	1.5
西葫芦	25～30	8～12	25～30	2	花椰菜	20	3～4	18～20	1.5
番茄	25～30	10～12	25～28	2～3	芹菜	20	24	20～22	2～3
辣椒	25～30	10～12	25～30	4～5	菠菜	20	24	15～20	2～3
茄子	30	20～24	28～30	6～7	冬瓜	25～30	12＋12①	28～30	3～4

注：①第一次浸种后，将种子捞出晾 10～12h，再浸第二次

一般浸种时，也可以在水中加入一定量的激素或微量元素，进行激素浸种或微肥浸种，有促进发芽、提早成熟、增加产量等效果。此外，为提高浸种效率，浸种前可对有些种子进行必要的处理。如对种皮坚硬而厚的苦瓜、丝瓜等种子，可进行胚端破

壳;对芹菜、芫荽等种子可用硬物搓擦,以使果皮破裂;对附着黏质多的茄子等种子可用0.2%～0.5%的碱液先清洗,然后在浸泡过程中不断搓洗换水,直到种皮洁净无黏感。

2. 催芽

催芽是将吸水膨胀的种子置于适宜条件下,促使种子迅速而整齐一致地萌发。一般方法是:先将浸好的种子甩去多余的水分,薄层(2cm左右)摊放在铺有1～2层潮湿洁净布或毛巾的种盘上,上面再盖一层潮湿布或毛巾,然后将种盘置于恒温箱中催芽,直至种子露白。在催芽期间,每天应用清水淘洗种子1～2次,并将种子上下翻动,以使种子发芽整齐一致。主要蔬菜的催芽温度和时间见表2-2。

(二)物理处理

其主要作用是提高发芽势及出苗率、增强抗逆性、诱导变异等。

1. 变温处理

把萌动的种子先放在1～5℃的低温下处理12～18h,再放到18～22℃的温度下处理6～12h,如此连续处理1～10d或更长时间,可提高种胚的耐寒性。处理过程中应保持种子湿润,变温要缓慢,避免温度骤变。

2. 干热处理

一些种类的蔬菜种子经干热空气处理后,有促进后熟、增加种皮透性、促进萌发、消毒防病等作用。如番茄种子经短时间干热处理,可提高发芽率;黄瓜、西瓜和甜瓜种子经50～60℃干热处理4h(其中间隔1h),有明显的增产作用;黄瓜、西瓜种子经70℃处理2d,有防治绿斑花叶病毒病(CGMMY)的良好效果;黄瓜种子经70℃干热处理3d,对黑星病及角斑病有很好的防治效果。

3. 低温处理

对于某些耐寒或半耐寒蔬菜，在炎热的夏季播种时，可将浸好的种子放在冰箱内或其他低温条件下，冷冻几个小时或十余小时后，再放在冷凉处（如地窖、水井内）催芽，使其在低温下萌发，可促进发芽整齐一致。低温处理还可用于白菜、萝卜等十字花科蔬菜繁种或育种上的春化处理。如将消毒浸种后的白菜种子，放在适宜的条件下萌发，当有1/3～1/2的种子露出胚根时放入0～2℃的低温下处理25～30d即可通过春化，种子播种当年即可开花结籽。

4. λ射线处理

用λ射线照射黄瓜及西葫芦种子，在每分钟2.06×10C/kg条件下，黄瓜种子的照射剂量为0.258C/kg，西葫芦种子为0.206C/kg。照射后的种子发芽势及出苗率均有所提高，比对照采果期延长1.5～2周，黄瓜增产16%，西葫芦增产14%。

（三）化学处理

化学处理的主要作用是打破休眠、促进发芽、种子消毒、增强抗性、诱发突变等。

1. 打破休眠

种子休眠的原因，一是胚本身未熟，需要一段后熟时间；二是由于种子中贮藏物质未熟以及抑制萌发的物质存在，果皮或种皮不透气等。应用发芽促进剂如H_2O_2、硫脲、KNO_3、赤霉素等对打破种子休眠有效。试验表明，黄瓜种子用0.3%～1% H_2O_2浸泡24h，可显著提高刚采收种子的发芽率与发芽势。0.2%硫脲对促进莴苣、萝卜、芸薹属、牛蒡、茼蒿等种子发芽均有效。赤霉素（GA）对茄子（100mg/L）、芹菜（66～330mg/L）、莴苣（20mg/L）以及深休眠的紫苏（330mg/L）种子发芽均有效。用0.5～1mg/L赤霉素溶液打破马铃薯的休眠已广泛应用于马铃薯的二季作栽培。

2. 促进发芽

据报道,用25%或稍低浓度的聚乙二醇(PEG)处理甜椒、辣椒、茄子、冬瓜等发芽出土困难的种子,可在较低温度下使种子提前出土,出土率提高,且幼苗生长健壮。此外,用0.02%~0.1%含微量元素的硼酸、钼酸铵、硫酸铜、硫酸锰等浸种,也有一定的促进种子发芽及出土的作用。

3. 种子消毒

有药剂拌种和药液浸种两种方法。药剂拌种常用的杀菌剂有克菌丹、多菌灵、敌克松、福美双等;杀虫剂有90%敌百虫等。拌种时药剂和种子都必须是干燥的,药量一般为种子重量的0.2%~0.3%。药液浸种应严格掌握药液浓度与浸种时间,浸种后必须用清水多次冲洗种子,无药液残留后才能催芽或播种。如用100倍福尔马林(即40%甲醛溶液)浸种15~20min,捞出种子封闭熏蒸2~3h,最后用清水冲洗;用10%磷酸三钠或2%氢氧化钠水溶液浸种15min,捞出冲洗干净,有钝化番茄花叶病毒的作用。另外,采用种衣剂农药处理种子常可起到更好的效果,如“黄瓜种衣剂1号”有显著的防病和壮苗效果。

三、播种量

播种前首先应确定播种量。根据单位面积用苗数、单位重量种子粒数、种子使用价值和安全系数,计算单位面积实际需要的播种量。

$$\text{每}667\text{m}^2\text{播种量(g)}=\frac{\text{定值每}667\text{m}^2\text{需苗数}}{\text{每克种子粒数}\times\text{种子使用价值}}\times\text{安全系数}$$

$$\text{种子使用价值(\%)}=\text{种子纯度(\%)}\times\text{种子发芽率(\%)}\times 100$$

安全系数取值范围一般为1.5~2。实际生产中应视土壤质地、直播或育苗、播种方式、气候冷暖、雨量多少、耕作水平、病虫害等情况而定。

四、播种技术

(一)播种方式

播种方式主要有撒播、条播和点播 3 种。

1. 撒播

在平整好的畦面上均匀地撒上种子，然后覆土。一般用于生长期短的、营养面积小的速生菜类，以及育苗上。撒播可经济利用土地面积，但不利于机械化的耕作管理。同时，对土壤质地、作畦、撒播技术、覆土厚度等的要求都比较严格。

2. 条播

在平整好的土地上按一定行距开沟播种，然后覆土。一般用于生长期较长和营养面积较大的蔬菜，以及需要中耕培土的蔬菜。速生菜通过缩小株距和加大行距也可进行条播。这种方式便于机械化的管理，灌溉用水量经济。

3. 点播(穴播)

按一定株行距开穴点种，然后覆土。一般用于生长期较长的大型蔬菜，以及需要丛植的蔬菜，如韭菜、豆类等。点播的优点是可在局部创造较适宜的水分、温度、气体等发芽条件，有利于在不良条件下播种而保证苗全苗壮。如在干旱炎热时，可按穴浇水后点播，再加厚覆土，以保墒防热，待出苗时再扒去部分覆土，以保证出苗。穴播用种量最少，也便于机械化的耕作管理。

(二)播种方法

播种方法分湿播和干播两种。

1.湿播

湿播为播前先灌水，待水渗下后播种，覆盖干土。湿播质量好，出苗率高，土面疏松而不易板结，但操作复杂，工效低。

2.干播

干播为播前不浇水,播种后覆土镇压。干播操作简单,速度快,但如播种时墒情不好,播种后又管理不当,容易造成缺苗。

(三)播种深度

播种深度即覆土的厚度,主要根据种子大小、土壤质地、土壤温度、土壤湿度及气候条件等因素而定。小粒种子一般覆土1～1.5cm,中粒种子1.5～2.5cm,大粒种子3cm左右;高温干燥及沙质土壤适当深播,反之适当浅播;喜光种子(如芹菜等)宜浅播。

第二节　蔬菜育苗技术

一、育苗方式

蔬菜育苗方式多种多样,各有特点。

依育苗场所及育苗条件,可分为设施育苗和露地育苗。设施育苗依育苗场所还可细分为温室育苗、温床育苗、冷床育苗、塑料薄膜拱棚育苗等。依温光管理特点又可细分为增温育苗及遮阳降温育苗。

依育苗所用的基质,可分为床土育苗、无土育苗和混合育苗。无土育苗又可分为基质培育苗、水培育苗、气培育苗等。基质培育苗又依基质的性质分为无机基质(炉渣、蛭石、沙、珍珠岩等)育苗和有机基质(碳化稻壳、锯末、树皮等)育苗。

依育苗用的繁殖材料,可分为播种育苗、扦插育苗、嫁接育苗、组培育苗等。

依护根措施,可分为容器护根育苗、营养土块育苗等;容器护根育苗依容器的结构分为普通(单)容器育苗和穴盘育苗。

实际中的育苗方法,常是几种方式的综合。

(一)遮阳育苗法

技术难度不大,在高温强光季节育苗效果显著。遮阳可用固定设施,如温室外加盖遮阳帘或黑网纱,也可用临时设施,如一般遮阳棚等;遮阳设施又可分完全保护(遮阳、防雨、防虫)或部分保护(遮阳)。遮阳育苗法不仅适用于芹菜、大白菜、甘蓝、莴苣等喜冷凉蔬菜的夏季育苗,也可用于番茄、辣椒、黄瓜的秋延后栽培的育苗。其主要关键技术:选择通风、干燥、排水良好地块建筑苗床;保持较大的幼苗营养面积并切实改善秧苗的矿质营养条件;掌握遮阳适度,特别是果菜类蔬菜幼苗,以中午前后遮强光为主,光照过弱会降低秧苗质量;结合喷水,防虫降温,必要时可用药剂防治病虫害等。

(二)床土育苗法

床土育苗法是一种普遍采用的传统育苗方法。其突出优点是就地取土比较方便;土壤的缓冲性较强,不易发生盐类浓度障碍或离子毒害;营养较全,不易出现明显的缺素障碍等。如果床土配制合理,能获得很好的育苗效果。缺点是需要用大量的有机质或腐熟有机肥配制床土;苗带土量大,增加秧苗搬运负担,很难长途运输;床土消毒难度较大。因此,适合于小规模和就地育苗,难以实现种苗业产业化。在应用床土育苗法时,应特别注意床土的物理性改良,主要营养成分的供给,根系的保护等措施。

(三)无土育苗

无土育苗是应用一定的育苗基质和人工配制的营养液代替床土进行育苗的方法,又称营养液育苗。与床土育苗比较,具有以下优点:由于选用的基质通气保水条件好,营养及水分供给充足,秧苗根系发育好,生长速度快,秧苗质量好,可缩短育苗期,促进早熟丰产;可免去大量取土造成的搬运困难,基质重量轻,便于长途运输,为集中的现代化育苗创造有利条件;有利于实现育苗的标准化管理;可减轻土传病害发生。但是,无土育苗的成功必须抓住基质的选择、营养液的配制、水分供给等技术环节的标准化管理,并应有相应的设施设备以保证技术的有效实施,否则容易出现育苗的失误甚至失败。

(四)扦插育苗法与嫁接育苗法

扦插育苗是利用蔬菜部分营养器官如侧枝、叶片等,经过适当的处理,在一定条件下促使发根、成苗的一种方法。这种无性繁殖方法多用于特殊需要的科研和生产中,如白菜、甘蓝腋芽扦插繁种、番茄侧枝扦插快速成苗等。其突出优点是能够保持种性,显著缩短育苗期,方法简便,易于掌握,且有利于多层立体育苗。但由于育苗量受到无性繁殖器官来源的限制,在发根期间对条件要求较为严格,一般只适用于小批量生产或特殊需要的场合。扦插育苗法的技术关键在于促进发根,应保持适宜的温度及较高的空气湿度,还可用生长素处理(萘乙酸 500mg/L 或吲哚乙酸 1 000mg/L),促进生根。可以用床土、水、空气或炉渣、沙粒等作为基质扦插育苗,在发根过程中不需供给营养,但需保证必要的水分;在发根期间(一般为 3d 左右)如光照过强可适当遮阳。发根后秧苗培育阶段与一般育苗相同。

二、设施育苗技术

我国北方地区冬、春季节进行蔬菜育苗时,外界温度较低,需借助一些设施增温,才能达到较好的育苗效果。根据蔬菜种类和幼苗生长发育特点,选用合适的设施、设备是育苗成败的关键。

(一)苗床播种

1. 播种日期的确定

一般是根据当地的适宜定植期和适龄苗的成苗期来确定,即从适宜定植期起按某种蔬菜的日历苗龄向前推算播种期。例如，河南日光温室春茬番茄一般在2月上旬至3月上旬定植，育成适合定植的苗（具有8～9片叶）需60～80d。一般应在11月下旬至12月下旬播种。

2. 播前先对种子进行处理

低温期选晴暖的上午播种。播前浇足底水，水渗下后，在床面盖一层薄薄育苗土，防止播种后种子直接沾到湿漉漉的畦土上，发生糊种。小粒种子用撒播法。大粒种子一般点播。瓜类、豆类种子多点播，如采用容器育苗应播于容器中央，瓜类种子应平放，不要立插种子，防止出苗时将种皮顶出土面并夹住子叶，即形成“戴帽”苗（图2－2）。催芽的种子表面潮湿，不易撒开，可用细沙或草木灰拌匀后再撒。播后覆土，并用薄膜平盖畦面。

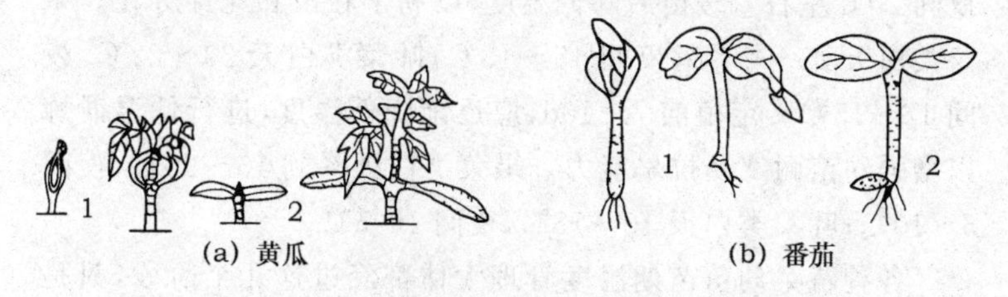

图2－2　黄瓜、番茄子叶戴帽苗与正常脱壳苗比较

1. 子叶戴帽苗；2. 子叶正常脱壳苗

（二）苗期管理

苗期管理是培育壮苗的最重要环节。苗期管理的任务是创造适宜于幼苗生长发育的环境条件，并通过控制各种条件协调幼苗的生长发育。

1. 温度管理

苗期温度管理的重点是掌握好“三高三低”，即“白天高，夜间低；晴天高，阴天低；出苗前、移苗后高，出苗后、移苗前和定植前低”。各阶段的具体管理要点如下：

（1）播种至第一片真叶展出出苗前温度宜高，关键是维持适宜的土温。果菜类应保持25～30℃，叶菜类20℃左右。当

70%以上幼苗出土后,为促进子叶肥厚、避免徒长、利于生长点分化,应撤除薄膜以适当降温。把白天和夜间的温度分别降低3～5℃,防止幼苗的下胚轴旺长,形成高脚苗。若发现土面裂缝及出土“戴帽”时,可撒盖湿润细土,填补土缝,增加土表湿润度及压力,以助子叶脱壳。

(2)第一片真叶展出至分苗第一片真叶展出后,白天应保持适温,夜间则适当降低温度,使昼夜温差达到10℃以上,以提高果菜的花芽分化质量,增强抗寒性和坑病性。分苗前一周降低温度,对幼苗进行短时间的低温锻炼。

(3)分苗至定植分苗后几天里为促进根系伤口愈合与新根生长,应提高苗床温度,促早缓苗,白天适宜温度是25～30℃,夜间20℃左右。缓苗后降低温度,以利于壮苗和花芽分化。果菜类白天25～28℃,夜间15～18℃;叶菜类白天20～22℃,夜间12～15℃。定植前7～10d,应逐渐降低温度,进行低温锻炼以增强幼苗耐寒及抗旱能力。果菜类白天降到15～20℃,夜间5～10℃;叶菜类白天10～15℃,夜间1～5℃。

各种蔬菜幼苗苗期温度管理大体都经过这几个阶段,只是不同作物、不同时期育苗,其具体温度指标有所不同。

2. 湿度管理

育苗期间的湿度管理,可按以下几个阶段进行。

(1)播种至分苗播种前浇足底水后,到分苗前一般不再浇水。当大部分幼苗出土时,将苗床均匀撒盖一层育苗土,保湿并防止子叶“戴帽”出土,形成“戴帽”苗。齐苗时,再撒盖一次育苗土。此期间,如果苗床缺水,可在晴天中午前后喷小水,并在叶面无水珠时撒土,压湿保墒。

(2)分苗前1d浇透水,以利起苗,并可减少伤根。栽苗时要注意浇足稳苗水,缓苗后再浇一透水,促进新根生长。

(3)分苗至定植期适宜的土壤湿度以地面见干见湿为宜。对于秧苗生长迅速、根系比较发达、吸水能力强的蔬菜,如番茄、甘蓝等为防其徒长,应严格控制浇水。对秧苗生长比较缓慢、育苗期间需要保持较高温度和湿度的蔬菜,如茄子、辣椒等,水分控制不宜过严。

床面湿度过大时,可采取以下措施降低湿度:一是加强通风,促进地面水分蒸发;二是向畦面撒盖干土,用干土吸收地面多余的水分;三是勤松土。

3. 光照管理

低温期改善光照条件可采用以下措施。

(1)经常保持采光面清洁,可保持较高的透光率。

(2)做好草苫的揭盖工作,在满足保温需要的前提下,尽可能地早揭、晚盖草苫,延长苗床内的光照时间。

(3)搞好间苗和分苗工作,在秧苗密集时,因互相遮阳,会造成秧苗徒长,应及时进行间苗或分苗,以增加营养面积,改善光照条件。

4. 分苗管理

一般分苗1次。不耐移植的蔬菜如瓜类,应在子叶期分苗;茄果类蔬菜可稍晚些,一般在花芽分化开始前进行。宜在晴天进行,地温高,易缓苗。分苗方法有开沟分苗、容器分苗和切块分苗。早春气温低,应采用暗水法分苗,即先按行距开沟、浇水,并边浇水边按株距摆苗,水渗下后覆土封沟。高温期应采用明水法分苗,即先栽苗,全床栽完后浇水。

分苗后因秧苗根系损失较大,吸水量减少,应适当浇水,防止萎蔫,并提高温度,促发新根。光照强时,应适当遮阳。

5. 其他管理

在育苗过程中,当幼苗出现缺肥症状时,应及时追肥。追肥以施叶面肥为主,可用0.1%尿素或0.1%磷酸二氢钾等进行叶面喷肥。

苗期追施二氧化碳,不仅能提高苗的质量,而且能促进果菜类的花芽分化,提高花芽质量。二氧化碳施肥适宜的浓度为800～1 000ml/m³。

定植前的切块和囤苗能缩短缓苗期,促进早熟丰产。一般囤苗前2d将苗床灌透水,第2d切方。切方后,将苗起出并适当加大苗距,放入原苗床内,以湿润细土弥缝保墒进行囤苗。囤苗时间不宜过长(7d左右),囤苗期间要防淋雨。

三、嫁接育苗技术

(一)嫁接育苗的意义

嫁接育苗是把要栽培蔬菜的幼苗、苗穗(即去根的蔬菜苗)或从成株上切下来的带芽枝段,接到另一野生或栽培植物(砧木)的适当部位上,使其产生愈合组织,形成一株新苗。

蔬菜嫁接育苗,通过选用根系发达及抗病、抗寒、吸收力强的砧木,可有效地避免和减轻土传病害的发生和流行,并能提高蔬菜对肥水的利用率,增强蔬菜的耐寒、耐盐等方面的能力,从而达到增加产量、改善品质的目的。

(二)主要嫁接方法

蔬菜的嫁接方法比较多,常用的主要有靠接法、插接法和劈接法等几种。靠接法主要采取离地嫁接法,操作方便,同时,蔬菜和砧木均带自根,嫁接苗成活率也比较高。靠接法的主要缺点是嫁接部位偏低,防病效果较差,主要用于不以防病为主要目的的蔬菜嫁接,如黄瓜、丝瓜、西葫芦等。插接法的嫁接部位高,远离地面,防病效果好,但蔬菜采取断根嫁接,容易萎蔫,成活率不易保证,主要用于以防病为主要目的的蔬菜嫁接,如西瓜、甜瓜等。由于插接法插孔时,容易插破苗茎,因此,苗茎细硬的蔬菜不适合采用此法。劈接法的嫁接部位也比较高,防病效果好,但对蔬菜接穗的保护效果不及插接法的好,主要用于苗茎细硬的蔬菜防病嫁接,如茄果类蔬菜嫁接。

(三)嫁接砧木

嫁接砧木的基本要求是:与蔬菜的嫁接亲和性强并且稳定,以保证嫁接后伤口及时愈合;对蔬菜的土传病害抗性强或免疫,能弥补栽培品种的性状缺陷;能明显提高蔬菜的生长势,增强抗逆性;对蔬菜的品质无不良影响或不良影响小。目前,蔬菜上应用的砧木主要是一些蔬菜野生种、半栽培种或杂交种。

主要蔬菜常用嫁接砧木与嫁接方法见表2—3。

表2—3 主要蔬菜常用嫁接砧木与嫁接方法

蔬菜名称	常用嫁接砧木	常用嫁接方法	主要嫁接目的
黄瓜、丝瓜、西葫芦、苦瓜等	黑籽南瓜、杂交南瓜	靠接法、插接法	低温期增强耐寒能力
西瓜	瓠瓜、杂交南瓜	插接法、劈接法	防病
甜瓜	野生甜瓜、黑籽南瓜	插接法、劈接法	防病
番茄	野生番茄	靠接法、劈接法	防病
茄子	野生茄子	靠接法、劈接法	防病

(四)嫁接前准备

1.嫁接场地

蔬菜嫁接应在温室或塑料大棚内进行,场地内的适宜温度为25～30℃、空气湿度为90%以上,并用草苫或遮阳网将地面遮成花荫。

2.嫁接用具

嫁接用具主要有刀片、竹签、托盘、干净的毛巾、嫁接夹或塑料薄膜细条、手持小型喷雾器和酒精(或1%高锰酸钾溶液)。

(五)嫁接技术操作要点

1. 靠接法操作要点

靠接法应选苗茎粗细相近的砧木和蔬菜苗进行嫁接。如果两苗的茎粗相差太大,应错期播种,进行调节。靠接过程包括砧木苗去心、砧木苗茎切削、接穗苗茎切削、切口接合及嫁接部位固定等几道工序,见图 2—3。

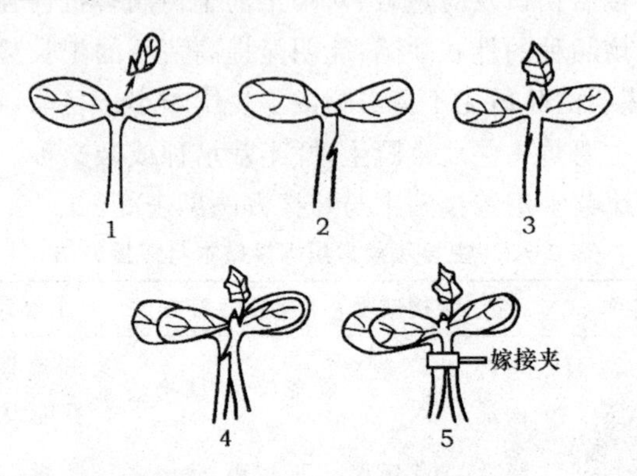

图 2—3 靠接过程

1.砧木苗去心;2.砧木苗茎切削;3.接穗苗茎切削;
4.切口接合;5.嫁接部位固定

2. 插接法操作要点

普通插接法所用的砧木苗茎要较蔬菜苗茎粗 1.5 倍以上,主要是通过调节播种期使两苗茎粗达到要求。插接过程包括砧木去心、插孔、蔬菜苗切削、插接等几道工序,见图 2—4。

3. 劈接法操作要点

劈接法对蔬菜和砧木的苗茎粗细要求不甚严格,视两苗茎的粗细差异程度,一般又分为半劈接(砧木苗茎的切口宽度为苗茎粗度的 1/2 左右)和全劈接两种形式。在砧木苗茎较粗、蔬菜苗茎较细时应采用半劈接;砧木与接穗的苗茎粗度相当时采用全劈接。劈接法的操作过程包括砧木苗茎去心、劈接口、插接、固定接口等几道工序,见图 2—5。

4.斜切接法操作要点

多用于茄果类嫁接,又叫贴接法。当砧木苗长到 5～6 片真

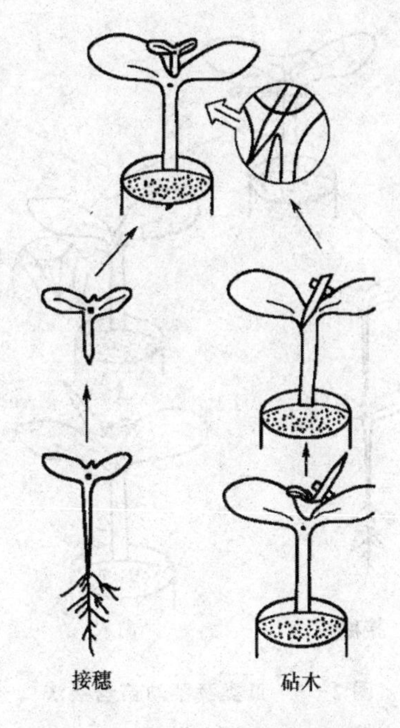

图 2－4　瓜类蔬菜幼苗插接法

叶时，保留基部 2 片真叶，从其上方的节间斜切，去掉顶端，形成 30°左右的斜面，斜面长 1.0～1.5cm。再拔出接穗苗，保留上部 2～3 片真叶和生长点，从第 2 片或第 3 片真叶下部斜切 1 刀，去掉下端，形成与砧木斜面大小相等的斜面。然后将砧木的斜面与接穗的斜面贴合在一起，用嫁接夹固定(图 2－6)。

(六)嫁接苗管理

嫁接后愈合期的管理直接影响嫁接苗成活率，应加强保温、保湿、遮光等管理。

1. 温度管理

一般嫁接后的前 4～5d，苗床内应保持较高温度，瓜类蔬菜白天25～30℃，夜间 18～22℃；茄果类白天 25～26℃，夜间20～22℃。嫁接 8～10d 后为嫁接苗的成活期，对温度要求比较严

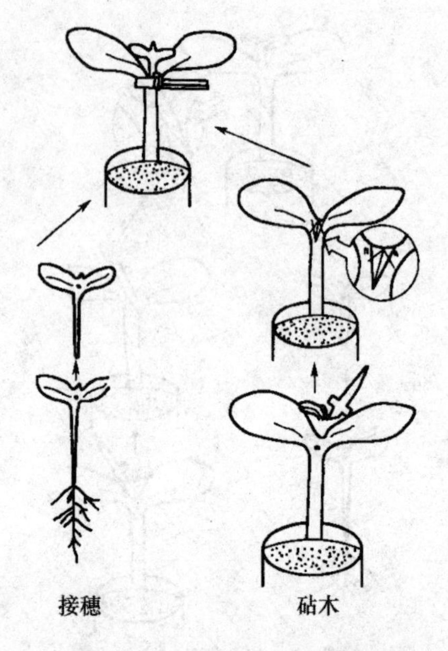

图 2－5　瓜类蔬菜幼苗劈接法

格。此期的适宜温度是白天 25～30℃，夜间 20℃左右。嫁接苗成活后，对温度的要求不甚严格，按一般育苗法进行温度管理即可。

2. 湿度管理

嫁接结束后，要随即把嫁接苗放入苗床内，并用小拱棚覆盖保湿，使苗床内的空气湿度保持在 90％以上，不足时要向畦内地面洒水，但不要向苗上洒水或喷水，避免污水流入接口内，引起接口染病腐烂。3d 后适量放风，降低空气湿度，并逐渐延长苗床的通风时间，加大通风量。嫁接苗成活后，撤掉小拱棚。

3. 光照管理

嫁接当天以及嫁接后头 3d 内，要用草苫或遮阳网把嫁接场所和苗床遮成花荫防晒。从第 4d 开始，要求于每天早晚让苗床接受短时间的太阳直射光照，并随着嫁接苗的成活生长，逐天延

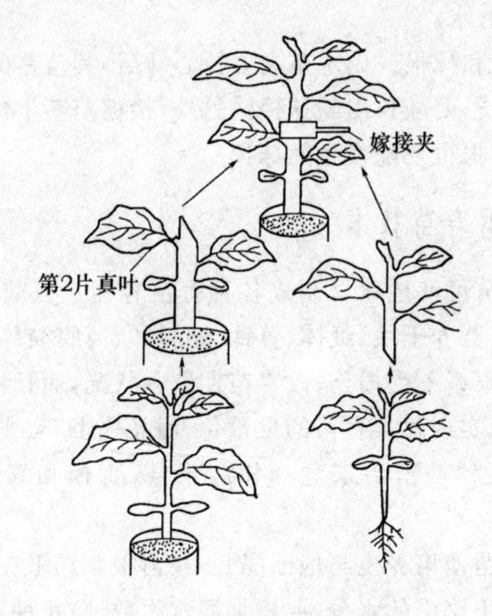

图 2-6　茄子幼苗斜切接法

长光照的时间。嫁接苗完全成活后，撤掉遮阳物，可开始通风、降温、降湿。

4. 嫁接苗自身管理

(1)分床管理。一般嫁接后第 7～10d，把嫁接质量好、接穗苗恢复生长较快的苗集中到一起，在培育壮苗的条件下进行管理；把嫁接质量较差、接穗苗恢复生长也较差的苗集中到一起，继续在原来的条件下进行管理，促其生长，待生长转旺后再转入培育壮苗的条件下进行管理。对已发生枯萎或染病致死的苗要从苗床中剔除。

(2)断根靠接法。嫁接苗在嫁接后的第 9～10d，当嫁接苗完全恢复正常生长后，选阴天或晴天傍晚，用刀片或剪刀从嫁接部位下把接穗苗茎紧靠嫁接部位切断或剪断，使接穗苗与砧木苗相互依赖进行共生。嫁接苗断根后的 3～4d 内，接穗苗容易发生萎蔫，要进行遮阳，同时，在断根的前 1d 或当天上午还要将苗钵浇一次透水。

(3)抹杈和抹根。砧木苗在去掉心叶后,其苗茎的腋芽能够萌发长出侧枝,要随长出随抹掉。另外,接穗苗茎上也容易产生不定根,不定根也要随发生随抹掉。

四、容器育苗技术

容器育苗可就地取材制成各种育苗容器。目前,生产上广泛应用的有:营养土块、纸钵、草钵、塑料钵、薄膜筒等,不仅可以有效地保护根系不受损伤,改善苗期营养状况,而且秧苗也便于管理和运输,实现蔬菜育苗的批量化、商品化生产。可根据不同的蔬菜种类、预期苗龄来选择相应规格(直径和高度)的育苗容器。

容器育苗使培养土与地面隔开,秧苗根系局限在容器内,不能吸收利用土壤中的水分,要增加灌水次数,防止秧苗干旱。使用纸钵育苗时,钵体周围均能散失水分,易造成苗土缺水,应用土将钵体间的缝隙弥严。容器育苗的苗龄掌握要与钵体大小相适应,避免因苗体过大营养不足而影响秧苗的正常生长发育。为保持苗床内秧苗发展均衡一致,育苗过程中要注意倒苗。倒苗的次数依苗龄和生长差异程度而定,一般为1~2次。

五、无土育苗技术

1. 无土育苗的概念及特点

无土育苗又叫工厂化育苗,是运用智能化、工程化、机械化的蔬菜工厂育苗技术,摆脱了自然条件的束缚和地域性的限制,实现种苗的工厂化生产、商品化供应,是传统农业走向现代农业的一个重要标志。

工厂化育苗是以不同规格的专用穴盘做容器,以草炭、蛭石等轻质无土材料做基质,通过精量播种(一穴一粒)、覆土、浇水,一次成苗的现代化育苗技术。它具有节约种子、生产成本低、机械化程度高、工作效率高、出苗整齐、病虫害少、穴盘苗移植过程不伤根系、定植后成活率高、不需缓苗、种苗适于长途运输、便于商品化供应等优点。

2. 基本设施

(1)育苗盘。工厂化育苗使用的穴盘有多种规格。穴格有不同形状,穴格数目有18～800个,穴格容积有7～70ml不等,共50多种不同规格的穴盘。

不同规格的穴盘对种苗生长影响差异很大。试验证明种苗的生长主要受穴格容积的影响,而与穴格形状的关系不密切。穴格大,有利种苗生长,而生产成本高;穴格小,则不利种苗生长,但生产成本低。因此,在生产中应根据所需种苗的大小、生长速率等因素来选择适当的穴盘,以兼顾生产效能与种苗质量。

蔬菜育苗常用的有72孔、128孔和288孔3种。育苗中心常根据不同季节,培育不同蔬菜幼苗的要求,选用不同规格穴盘。

(2)育苗基质。因为穴盘的穴格小,所以穴盘苗对栽培基质的理化性质要求很高,要求基质有保肥、保水力强,透气性好,不易分解,能支撑种苗等特点。因此,基质多采用泥炭、珍珠岩、蛭石、海沙及少许有机质、复合肥料配比而成。配好的栽培基质pH值要求为5.4～6.0。

生产中常用的基质配方有泥炭∶蛭石为2∶1(或3∶1),泥炭∶珍珠岩∶沙为2∶1∶1,泥炭∶蛭石∶菇渣为1∶1∶1,碳化谷壳∶沙为1∶1四种。

(3)催芽室。催芽室可采用密闭、保湿性能好、靠近绿化室、操作方便的工作间,室内安装控温仪,根据不同蔬菜催芽温度要求,调节适宜室温。室内设置多层育苗盘架,适用于育苗量大的育苗中心。

(4)绿化室。绿化室可采用日光温室,春季可采用塑料棚。绿化室内应设置排放盘架或绿化台供苗盘摆放。

3. 无土育苗的技术要点

(1)育苗。育苗前要先对育苗场地、主要用具进行消毒。温室、大棚可用硫黄熏蒸,育苗盘等用具可用50～100倍的福尔马林液消毒,然后用清水多洗几遍晾干。基质一般不必消毒,但对已污染的基质则可用0.1%～0.5%的高锰酸钾或100倍福尔马林溶液消毒。消毒后均应充分洗净,以免对幼苗造成危害。

将育苗盘放入2～3cm厚的基质,整平。用清水浇透基质后,均匀撒播已催芽或浸种的种子,覆盖基质0.5～1cm。播后置于电热催芽室,温度控制在种子萌发出土的适宜范围内。幼苗出土后,立即把育苗盘移入绿化温室,适当降温。

子叶展平后,及时浇灌营养液。为防伤苗,应在浇营养液后喷洒少量清水。营养液浇灌量以基质全部湿润,底部有1～2cm的营养液层即可。3～4d浇1次营养液,中间基质过干可补浇清水。定植前一周减少供液量,并进行秧苗锻炼。

(2)营养液的配方。有简单配方和精细配方两种。

①简单配方:简单配方主要是为菜苗提供必需的大量元素和铁,微量元素则依靠浇水和育苗基质来提供,营养液的参考配方见表2－4。

表2－4　无土育苗营养液简单配方　　单位:mg/L

营养元素	用量	营养元素	用量
四水硝酸钙	472.5	磷酸二铵	76.5
硝酸钾	404.5	螯合铁	10
七水硫酸镁	241.5		

②精细配方:精细配方是在简单配方的基础上,加进适量的微量元素。主要微量元素的用量如下:硼酸1.43mg/L;四水硫酸锰1.07mg/L;七水硫酸锌0.11mg/L;五水硫酸铜0.04mg/L;四水钼酸铵0.01mg/L。

除上述的两种配方外,目前,生产上还有一种更为简单的营养液配方，该配方是用氮磷钾三元复合肥（N：P：K 含量为 15：15：15）为原料，子叶期用 0.1%浓度的溶液浇灌，真叶期用 0.2%～0.3%的浓度浇灌。该配方主要用于营养含量较高的草炭、蛭石混合基质育苗。

③灌溉：无土育苗的灌溉方法是与施肥相结合的，机械化育苗可采用双臂行走式喷水车，每个喷水管道臂长 5m，安排在育苗温室中间，用轨道移动喷灌车，可自动来回喷水和喷营养液。若在基质中掺入适量复合肥作为底肥，喷灌清水来育苗，相对省工省力，并有利于出苗及壮苗。

4. 简易无土育苗

在我国蔬菜生产尚没有实行规模化的广大地区，农民也可以自己进行无土育苗，以满足自己生产的需要。下面简要介绍两种简易无土育苗方法。

(1)营养钵育苗。即利用塑料育苗钵或其他容器（如草钵、纸钵）进行育苗。其操作为：将草炭和蛭石按一定比例混配作为育苗基质，装入塑料育苗钵中，然后浇透水，再将经浸种、催芽的种子播入营养钵内，放在适当的条件下育苗。不同种类的蔬菜可选用大小不同的塑料钵来育苗，一般茄果类可选择大一些的塑料钵，而叶菜类选用小号的即可。

(2)穴盘育苗法。虽然育苗穴盘本身是机械化育苗的配套设施，但利用穴盘来进行人工无土育苗，它同样具有省工、省力、便于运输等特点。

育苗基质同样可以采用草炭和蛭石按一定的比例混配。把经浸种、催芽的种子播种在穴盘内，按常规方法进行育苗管理即可。

当然，不同种类蔬菜在不同季节进行穴盘无土育苗应当选择合适型号的穴盘。一般来说，我国蔬菜种植者喜欢栽大苗，所以，春季番茄、茄子苗多选用 72 孔苗盘（营养面积 4.5cm^2/株），6～7 片叶时出盘；青椒苗选用 128 孔苗盘（营养面积 3.4cm^2/

株),8片叶左右出盘;夏秋季播种的茄子、番茄、菜花、大白菜等可一律选用128孔苗盘,4～5片叶时出盘。

上述两种无土育苗方式苗期的养分,一是可以通过定期浇灌营养液方式解决,二是可以先将肥料直接配入基质中,以后只需浇灌清水就可以了。

鉴于基质中,特别是草炭中,除含有一定量的速效氮磷钾养分外,还含有一定量的微量元素,故在无土育苗施肥上,主要考虑大量元素的补给。

今后,随着工业和科学技术的发展,蔬菜育苗的工厂化也将随之逐步发展起来,从而探索出一套适合我国国情的、切实可行的工厂化育苗新技术。

第三节　蔬菜田间管理技术

一、定植、间苗和定苗

(一)定植

对于利用育苗移栽方法栽培的蔬菜,当植物幼苗长到一定大小之后,就必须栽到大田里去,这次栽植称为定植。

定植的适当时期,与蔬菜秧苗的大小、环境条件尤其是晚霜期、土地的准备等条件都有密切的关系。对秧苗大小的要求,依种类的不同、植物学特征及生物学特性的差异而有所区别。一般叶菜类的秧苗,长到4～5片真叶时为定植的适期。因为苗太小则操作困难,苗太大根系受伤严重影响成活。豆类蔬菜秧苗根系再生能力较差,侧根少,应在第一对真叶长出,而3片复叶尚未充分发育时就定植。瓜类的根系再生力弱,而且叶面积增加快,应在幼苗长出5片真叶左右就定植,定植太晚无论地上部或地下部均易受损伤。茄果类蔬菜的秧苗,根系的再生力强,可以带花蕾定植。这样可以提早成熟,只要管理得当,不会引起植株的早衰现象，早期产量和总产量都会有所提高。但苗期太长就会增加育苗成本，对于保护地设备不足的地区不宜采用。否则秧苗营养面积过小，发育不良，定植后也会影响正常发育与产量。

蔬菜秧苗定植的适宜时期，主要根据当地的气候与环境条件而定。华南热带和亚热带地区终年温暖，对定植期的要求就不那么严格，可以根据具体条件而定。在北方，气温低，生长期短，耐寒和半耐寒的蔬菜也不能在冬季进行露地生产，因此，对这类蔬菜也要求早熟。只要在土壤和气候适宜的情况下，均以早定植为宜。华北、东北等气温较低的地区，这些蔬菜大多在春季定植。这就需要在春季土壤解冻后，在 10cm 深的土壤温度达到要求时进行定植。

茄果类、瓜类蔬菜定植时，对 10cm 深的土壤温度的要求应不低于 10～15℃，而且必须在终霜过后进行。因为这些蔬菜大多不耐霜冻，即使有轻霜，也会有部分秧苗冻死。因此，喜温蔬菜的栽植日期，应以各地的终霜期为主要依据，只要霜期一过就可以定植，这是争取早熟的重要环节。

定植前必须把地整好，普遍施入基肥，主要是有机肥。定植时开沟或开穴。此时最好每穴再施入优质有机肥 100～150g，覆一层细土，以避免根系直接与肥料接触。这种肥料对促进早熟起一定的作用。定植时是开沟还是开穴依作物的种类和工作条件而定。株距要求较小的蔬菜如大葱等，以开沟定植比较方便，株行距要求大的蔬菜则以开穴定植为好，但为了定植深度一致，提高工效，后者也可以采用开沟定植。定植蔬菜秧苗，在手工劳动的情况下是先灌水于沟、穴中然后栽苗，或者是先栽苗然后浇水，两者没有什么原则区别。移植的作物要注意勿使根系弯曲在局部土壤中，如果是带营养土块定植，只要把土块埋入土中就可以了。定植时必须浇水，才能使幼苗尽快恢复生长。浇水的量要恰到好处，尤其是北方地区早春定植秧苗时，还要注意水温。如水温过低,不但缓苗慢,而且以后的一段时间内生长不良,容易得病。

秧苗栽植的深度,一般以在子叶下为宜。但黄瓜、圆葱宜浅,大葱则可以栽得深一些,以利于多次培土,番茄可以栽到子叶下,因为它易发生不定根。北方春季气温低,土温也低,定植时应浅栽,以利秧苗的发根,低洼潮湿的土壤要浅栽,否则容易烂根。因此,定植时栽苗正确与否与秧苗的成活有密切的关系。栽苗方法不正确,不但使秧苗恢复生长慢,还影响早熟和降低产量。如把营养土块栽得与地平面在同一水平,灌水后营养土块就会露出地面,容易变干,因为营养土块组织疏松,水分极易蒸发,影响秧苗定植后的正常生长。

定植时的气候条件与秧苗的成活率和缓苗快慢有密切的关系。北方春季栽苗应选无风的晴天进行,因为晴天气温和土温较高,有利于缓苗,阴雨天及刮风天不宜栽苗。一般的天气,下午或傍晚栽植比上午好。栽植时不宜采用摘叶的办法来减少蒸腾面积,因为叶片是制造营养物质的主要器官,叶片减少,则植物体内的制造养分的能力也减少,再生能力削弱,影响新根发生,同时,也影响新梢的发生。

(二)间苗与定苗

这里所说的间苗与定苗,是就在大田里直播的蔬菜而言。目前,全国各地的大白菜和秋冬萝卜绝大多数是露地穴播或条播。这些蔬菜大多在夏末温暖的天气下播种,把产品器官的形成期(如叶球与肉质根等)安排在冷凉的气候条件下。因此,这些蔬菜在露地直播,苗期就在露地生长,它的生长受气候条件影响很大,而且感染病虫害也比较严重,所以,在目前的耕作条件下,很容易造成缺苗缺株的现象。因此,间苗要分两三次进行。对露地直播蔬菜的间苗,原则上应尽早进行为好,如十字花科的萝卜和白菜,在子叶出齐后就应进行第一次间苗,使幼苗不致因植株互相遮阳而造成徒长现象,每穴留 3～5 株。第二次间苗在

2～3片真叶时进行，每穴留2～3株。最后一次间苗，萝卜在4～5叶时进行，白菜在7～8片叶时进行，每穴只留1株，叫做“定苗”。萝卜、根用芥菜等直根蔬菜，其子叶的方向与两侧吸收根的方向相同。在密植的情况下，间苗时尽可能注意到子叶的方向与行向垂直，以利于根系对土壤营养的吸收。

二、合理密植

（一）合理密植的意义

合理密植能够增加单位面积产量，其原因主要是单位面积株数增加，以及单位面积内叶面积及根系在土壤分布的体积均增加了，能够更好地利用日光能、空气以及土壤中的水分和矿物盐。农作物干物质的90％～95％是有机物质，其中，90％以上是光合作用的产物，叶是进行光合作用的主要器官，叶面积的增加，为充分利用光能创造了有利的条件。单位面积内总株数增加后，根系的吸收面积扩大，而且密植后促进根系向纵深发展，有利吸收深层土壤中的水分和养分。当然，在密植的情况下必须比一般的栽培多施肥，才能达到增产的目的。

作物密植以后，对植物进行了遮阳，起了保墒作用，使土壤中的水分更多地为植物利用。此外，还可以抑制杂草发生，改变田间小气候和减轻风霜危害等。对于果菜类可以增加早期产量。合理密植可以提高蔬菜产品的品质，芹菜、茼蒿、韭菜、蒜苗可以利用密植进行软化。对于叶菜类，如株距过大，植株纤维发达组织粗硬，反而降低产品质量。对于萝卜和胡萝卜等根菜类，栽植过稀，容易引起肉质根的分歧。

（二）个体产量与群体产量的关系

群体产量是个体产量的总和，因此，个体生长良好，产量高，群体的产量才会高。但群体产量不是个体产量简单地相加。高产的群体往往是由个体数较多，但比稀植时较弱的个体构成。

群体植株愈密则个体生长愈弱,这是群体与个体间发展的一般规律。对于一次采收的根菜类,如胡萝卜,据试验,不同密度之间的单位面积产量差异不大。密植的比稀植的单位面积产量稍微高些。但密植的单株产量则以小型根(30g 以下)的较多,而稀植的单株产品重量以大型根(大都在 80～100g)的较多。对于多次采收的茄果类及瓜类,增加密度之后会明显地增加早期的果实产量。而以幼小植株生产的绿叶菜类蔬菜,密植的增产效果很明显,但个体减弱的现象也很明显。

(三)密植与栽培技术的关系

推行密植必须与其他栽培技术互相配合,才能收到良好的效果。密植后因单位面积株增加,根系的横向发展范围缩小,而向下发展吸收深层土壤中的水分与养分。因此,必须与深耕、施肥、灌溉相结合,以增加植株吸肥能力和抗倒伏能力。精细的田间管理,可以增加栽植密度。例如,番茄栽培用整枝搭架的,可以比不整枝搭架者密些。而单干整枝又可以比双干整枝者密些。瓜类和豆类的栽植情况也大致如此。为了适应机械化的要求,应适当扩大行距,便于进行机械操作,也有利于通风透光。密植后应及时搭架、整枝、压蔓、摘叶,使植株向空间发展。密植增加后,株间的湿度增加,土壤不易干裂,能减轻茄子的黄萎病。但对另外一些蔬菜,则比较容易发生病虫害,应加强病虫害防治工作。

此外,在高温多雨地区应较低温少雨地区密植度小些;没有灌溉条件、土壤肥力低的地区,栽植密度比土壤肥力高又有灌溉条件的地区低些。

三、中耕、除草与培土

(一)中耕

及时进行中耕除草,减少杂草与作物竞争水分、养分、阳光和空气，保护栽培的作物在田间生长中占绝对优势，这是中耕除草技术应用的关键。从蔬菜栽培的角度来看，播种出苗后、雨后或灌溉后表土已干，天气晴朗时就应及时进行中耕。因雨后或灌水后的中耕，可以破碎土壤表面的板结层，使空气容易进入土中，供给根系呼吸对氧气的需要，增加养分分解，使土壤有机物易于释放二氧化碳，促进作物光合作用的进行。冬季及早春中耕有利于提高土温，促进作物根系发育，同时，因切断了表土的毛细管，故减少了毛细水的蒸发作用。

由于作物的种类不同，根系的再生与恢复能力有所差异，因此，中耕的深度有所不同。番茄根的再生能力强，切断老根后容易发生新根，增加根系的吸收面积。类似这种作物可以进行深中耕。黄瓜、葱蒜类根系较浅，根受伤后再生能力较差，宜进行浅中耕。苗小时中耕不宜太深，株行距小者中耕宜浅些。一般中耕深度为 3～6cm 或 9cm 左右。

中耕的次数依作物种类、生长期长短及土壤性质而定。生长期长的作物中耕次数较多，反之就较少。但都需要在未封垄前进行。中耕常与除草相结合。

中耕的方法，目前，手工与机械并用。将来应逐步扩大机械中耕的面积，减少手工操作，以提高工作效率。

（二）除草

在一般情况下，杂草生长的速度远远超过栽培作物，而且生命力极强，如不加以人为的限制，很快就会压倒蔬菜的生长。杂草除了夺取作物生长所需要的水分、养分和阳光外，还常常是病虫害潜伏的场所。许多昆虫在杂草丛中潜伏过冬，如十字花科蔬菜的潜叶蝇和黄条跳甲。杂草也是某些蔬菜病害的媒介，十字花科的许多杂草，就是滋长白菜根腐病和白锈病病菌的场所。此外，还有一些寄生性的杂草，能直接吸收蔬菜作物体内的养分，如菟丝子。因此，防除杂草是农业生产上的重要问题。

杂草的种子数量多，发芽能力强，甚至能在土壤中保存数十年后仍有发芽能力。因此,除草应在杂草幼小而生长较弱的时候进行,才能有较好的效果。除草的方法主要有 3 种,就是人工除草、机械除草及化学除草。人工除草的方法是利用小锄头或其他工具,费劳动力多,质量好,效率低,但目前仍然必须使用。机械除草比人工除草效率高,但只能解决行间的除草,株间的杂草因与苗距离近,容易伤苗,还得用人工除草作为辅助措施。

化学除草是利用化学药剂来防除杂草,方法简便,效率高,可以杀死行间和株间的杂草,是农业现代化的重要内容之一。必须不断发展低毒、高效而有选择性的除草剂。目前,蔬菜化学除草主要是播种后出苗前或在苗期使用除草剂,用以杀死杂草幼苗或幼芽。对多年生的宿根性杂草,应在整地时把杂草根茎清除,否则在作物生长期间就难以防除了。

(三)培土

蔬菜的培土是在植株生长期间将行间的土壤分次培于植株的根部,这种措施往往是与中耕除草结合进行的。北方垄作地区趟地就是培土的方式之一。在江南雨水多的地方,为了加强排水,把畦沟中的泥土掘起,覆在植株的根部,不仅有利于排水,也为根系的发育创造了良好的条件。

培土对不同的蔬菜有不同的作用。大葱、韭菜、芹菜、石刁柏等蔬菜的培土,可以促进植株软化,增进产品质量;对马铃薯等的培土,可以促进地下茎的形成;容易发生不定根的番茄、南瓜等,培土后能促进不定根的发生,加强根系吸收土壤养分和水分的能力。此外,培土可以防止植株倒伏,具有防寒、防热等多方面的作用。

四、植株调整

植株调整的作用包括平衡营养生长与生殖生长、地上与地下部生长;协调植株发育,改变发育进程,促进产品器官形成与膨大;促进植株器官的新陈代谢,获得优质、丰产;减少机械伤害和病、虫、草害发生。

植株调整主要包括摘心、打杈、摘叶、束叶、疏花疏果和保花保果、支架、压蔓等。

（一）摘心、打杈

1.摘心

摘心是指除去生长枝梢的顶芽，又叫打尖或打顶，可抑制生长，促进花芽分化，调节营养生长和生殖生长的关系。如对无限生长的茄果类和瓜类蔬菜，栽培的后期，按照栽培的目的与实际的生长条件和生产水平，在保持植株有一定数量的果实和相应的枝叶后，即可将其顶芽去除，确保已有果实在生长期内达到成熟标准。

2.打杈

打杈即摘除侧芽。一些植物的侧枝萌发能力非常强，若任其自然生长，则会枝蔓繁生，导致结果不良或不能结果。如番茄生产中一般只留顶芽向上生长，侧枝全部摘除，这种整枝方式叫单干整枝；有时除顶芽外第一穗果下又留 1 侧枝与顶芽同时生长，称为双干整枝。打杈以后，调整了植株营养器官与生殖器官的比例，提高经济系数，达到高产的目的。

（二）摘叶、束叶

1. 摘叶

一般来说，幼龄叶的同化效率较低，壮龄叶的同化效率最高，而老叶、病叶的同化效率也较低，甚至同化量不及其呼吸消耗量。另外，冠层内叶量较大时，群体消光系数值较高，所以处于植株基部的老叶、病叶，都应及时去除，以避免不必要的同化物质消耗，同时，也利于维持适宜的群体结构，使通风、透光条件得以改善。

2. 束叶

指将靠近产品器官周围的叶片尖端聚集在一起的作业。常用于花球类和叶球类蔬菜生产中,可有效地提高上述蔬菜产品的商品性。束叶可防止阳光对花球表面的暴晒,保持花球表面的色泽与质地;束叶还具有防寒和改善植株间通风透光条件作用,但束叶不宜进行过早。

(三)疏花疏果和保花保果

1. 疏花疏果

对于以营养器官为产品的蔬菜,疏花疏果可减少生殖器官对同化物质的消耗,有利于产品器官形成。如大蒜、马铃薯、莲藕、百合、豆薯等蔬菜摘除其花蕾均有利于产品器官膨大。对于以果实为产品器官的蔬菜作物,疏花疏果可以提高单果重和商品质量。对一些畸形、有病或机械损伤的果实,也应及早摘除。

2. 保花保果

当植株营养不足、逆境胁迫时(如低温或高温),一些花和果实即会自行脱落,应采取保花保果措施,落花落果还与植株体内激素水平有关。因此,可以通过改善植株自身营养状况,施用生长调节剂等方法保花保果。

(四)支架、牵引、绑蔓

1. 支架

对于茎不能直立的蔬菜如黄瓜、番茄、菜豆和山药等,需进行支架栽培,以增加叶面积指数,改善通风透光,减少病虫害发生。常用的架型有:①双行人字架或单行架:一般架比较高,常以竹竿为材料,将植株的茎蔓引到架上,有些需加以绑缚。如豇豆、黄瓜等。②棚架:生长旺盛、分枝较多的植物需要搭棚架,使茎蔓分布均匀,合理利用空间,如葫芦、佛手瓜等,庭院栽培时采用较多。③矮支架：一些半直立蔬菜，如早熟番茄、石刁柏等，用1m左右的支架即可，架型也较简单，但需要绑缚。

2. 牵引

指设施栽培下对一些蔓生、半蔓生蔬菜进行攀缘引导的方法。一端系在植株的根部，另一端则与设施的顶架结构物相连，也可以与在设施顶部专门设置的引线相连。有直立式牵引和人字形牵引两种。随着植株逐渐长高，将其主茎环绕在牵引线上即可保证其向上生长。

3. 绑蔓

对于支架栽培的蔓生作物，无论用竹竿或木条作材料，植株在向上生长过程中依附架条的能力并不是很强，因此，需要人为地将主茎捆绑在架条上，以使植株能够直立地向上生长。

（五）压蔓、落蔓、盘蔓

1. 压蔓

蔓生蔬菜作爬地栽培时，如大田西瓜，经压蔓后可使植株排列整齐，受光良好，管理方便，促进果实发育，增进品质。同时，在压蔓处，可诱发植株产生不定根，有防风和增加营养吸收的能力，并可控制茎叶生长过旺。

2. 落蔓和盘蔓

对牵引或支架栽培的蔓生、半蔓生蔬菜，在生长后期，基部的老叶、老枝经整枝和摘叶已完全去除，造成群体基部过疏，而对于群体顶部来说，植株已没有多大攀缘空间，这时可将植株茎盘旋下放，降低整个群体的高度，使植株顶部有一个良好的群体分布，这种作业称为茎下落盘蔓，茎下落盘蔓可以较好地调节群体内的通风透光。

第三章 瓜类蔬菜栽培

第一节 黄 瓜

一、春季大棚栽培技术

(一)播种育苗

1.品种选择

选用早熟、丰产、优质、抗病性强、商品性好的品种。华南型黄瓜品种有申青1号、南杂2号、宝杂2号等,华北型黄瓜品种有津优1号、津春4号、津春5号、津绿4号等,欧洲光皮型黄瓜有申绿03、碧玉2号、春秋王等。

2.播种期

上海地区大棚春黄瓜一般在1月上中旬播种,早熟栽培的可提前至上一年12月上旬左右,播种在大棚内进行。

3.营养土配制

播种育苗前需进行营养土配制,一般按体积配比,菜园土(3年以上未种植过瓜类作物)6份、充分腐熟的有机肥(可采用精制商品有机肥)3份、砻糠灰1份,按总重量的0.05%投入50%多菌灵可湿性粉剂,充分拌匀后密闭24h,晾开堆放7~10d,待用。

4.种子处理

先用清水浸润种子,再放入55℃的温水烫种,水量是种子的4～5倍,不断搅拌,10～15min后捞出用清水冲洗,去杂去瘪。

5.营养钵电加温线育苗

选择排灌方便、土壤疏松肥沃的大棚地块。苗床播种前1个月深翻晒白。整平苗床后,按80～100W/m^2铺电加温线。

选择直径8cm的塑料营养钵,装入营养土,排列于已铺电加温线的苗床上。播种前一天,营养钵浇足底水。选择饱满的种子,每营养钵播种1粒,轻浇水,再用营养土盖籽,厚度0.5～1cm。然后盖地膜、搭小环棚,做好防霜冻工作。

播种至种子破土,白天保持小环棚内28～30℃,夜间25℃。破土后揭去营养钵上的地膜,保持白天25～28℃,夜间20℃、不低于15℃。齐苗后土壤含水量保持在70%～80%。

6.苗期管理

整个苗期以防寒保暖为主,白天多见阳光,夜间加强小环棚覆盖,白天20～25℃,夜间13～15℃。苗期以控水为主,追肥以叶面肥为宜,应在晴天中午进行,并掌握低浓度。

定植前7d逐渐降低苗床温度,白天15℃,夜间10℃。

壮苗标准为子叶平展、有光泽,茎粗0.5cm以上,节间长度不超过3～4cm,株高10cm,4叶1心,子叶完整无损,叶色深绿,无病虫害,苗龄35～40d。

(二)定植前准备

1.整地作畦

选择3年以上未种过瓜类作物,地势高爽,排灌方便的大棚。施足基肥后进行旋耕,深度20～25cm,旋耕后平整土地。一般6m跨度大棚作4畦,畦高25cm,畦宽1.1m,沟宽30cm,沟深20～25cm。整平畦面后覆盖地膜,将膜绷紧铺平后四边用泥土压埋严实。

2.施基肥

每667m^2施充分腐熟的农家肥料4 000kg,25%蔬菜专用复合肥50kg或45%专用配方肥($N:P_2O_5:K_2O=15:15:15$)25～30kg,撒施于土表后进行充分旋耕。

(三)定植

1.定植时间

苗龄35～40d、大棚内保持最低土温8℃以上、最低气温10℃以上时,即可定植,一般在2月下旬至3月初,早熟栽培可提前至1月下旬定植。

2.定植方法

选择冷尾暖头的晴天中午进行。用打洞器或移栽刀开挖定植穴,定植前穴内浇适量水后栽苗,定植时脱去营养钵体起苗,注意不要弄散营养土块。定植时营养土块与畦面相平为宜,每畦种2行,用土壅根,浇定根水,定植孔用土密封严实,防止膜下热气外溢,灼伤下部叶片,同时,有利于提高地温,保持土壤水分。定植完毕后搭好小环棚、盖好薄膜,夜间寒冷时需加盖保暖物,如无纺布等。

3.定植密度

定植株距为33cm左右,每667m^2定植2 500株左右。

(四)田间管理

1.温光调控

(1)定植至缓苗期。定植后5～7d基本不通风,保持白天25～28℃,晚上不低于15℃。

(2)缓苗至采收。以提高温度,增加光照,促进发根、发棵,控制病虫害的发生为主要目标。管理措施以小环棚及覆盖物的揭盖为主要调节手段。缓苗后,晴天白天以不超过25℃为宜,夜间维持在10～12℃,阴天白天20℃左右,夜间8～10℃,尽量保持昼夜温差在8℃以上。晴天应及时揭除覆盖物，下午在室内气温下降到18～20℃时应及时覆盖。室温超过30℃以上，应立即通风。如室内连续降至5℃以下时应采取辅助加温措施。

(3)采收期。进入采收期后，保持白天温度不低于20℃，以25～30℃时黄瓜果实生长最快。

2.植株整理

(1)搭架。在黄瓜抽蔓后及时搭架，可搭“人”字形架或平行架，也可用绳牵引，用绳牵引的要在大棚上拉好铁丝，准备好尼龙绳，制作好生长架。

(2)整枝。及时摘除侧枝。10节以下侧枝全部摘除，其他可留2叶摘心，生长后期将植株下部的病叶、老叶及摘除，以加强植株通风透光，提高植株抗逆性。整枝摘叶需在晴天上午10时以后进行，阴雨天一般不整枝。整枝后为避免整枝处感染，可喷施药剂进行保护。

(3)引蔓。黄瓜抽蔓后及时绑蔓，第一次绑蔓在植株高30～35cm时，以后每3～4节绑一次蔓。绑蔓一般在下午进行，避免发生断蔓。当主蔓满架后及时摘心，促生子蔓和回头瓜。用绳牵引的要顺时针向上牵引，避免折断瓜蔓。当主蔓到达牵引绳上部时，可将绳放下后再向上牵引。

3.肥水管理

(1)追肥。①定植至采收：定植后根据植株生长情况，追肥1～2次。第一次可在定植后7～10d施提苗肥，每667m^2施尿素2.5kg左右或有机液肥如氨基酸液肥，赐保康每667m^2施0.2kg；第二次在抽蔓至开花，每667m^2施尿素5～10kg，促进抽蔓和开花结果。

②采收期：进入采收期后，肥水应掌握轻浇、勤浇的原则，施肥量先轻后重。视植株生长情况和采收情况，由每次每667m^2追施三元复合肥($N:P_2O_5:K_2O=15:15:15$)5kg逐渐增加

到15kg。

(2)水分管理。黄瓜需水量大且不耐涝。幼苗期需水量小,此时土壤湿度过大,容易引起烂根;进入开花结果期后,需水量大,在此时如不及时供水或供水不足,会严重影响果实生长和削弱结果能力。因此,在田间管理上需保持土壤湿润,干旱时及时灌溉,可采用浇灌、滴灌、沟灌等方式,避免急灌、大灌和漫灌,沟灌后要及时排除沟内水分,以免引起烂根。

(五)采收

保护地黄瓜需及时采收,前期要适当带小采收,尤其是根瓜应及早采收,以免影响蔓、叶和后续瓜的生长。一般采收前期每瓜100～150g,每隔3～4d采收1次,中期150～200g,每隔1～2d采收1次,后期根据市场需求可适当留大。

(六)包装

用于鲜销的黄瓜为了提高价值,应包装后上市销售。用于包装的黄瓜应符合相关产品标准规定的质量要求,具备以下特征:黄瓜完整无损、无任何可见杂质、外观新鲜、硬实表面无水珠、无异常气味和口味、黄瓜籽柔嫩而未发育、不皱缩、不萎蔫、不呈现过熟的淡黄色或黄色。

包装材料应使用国家允许使用的材料,推荐用薄膜或玻璃纸单独进行包装,包装后应贴上标签。包装容器应整洁、干燥、牢固、美观、无污染、无异味,内壁无尖突物,无虫蛀、腐烂、霉变。

二、夏秋栽培技术

(一)品种选择

夏秋黄瓜品种如选用不当,会严重影响产量。夏秋期间温度高,病虫为害多,宜选用耐热、抗病的品种。又因夏季日照长,在长日照下栽培黄瓜,还需选用对光照反应不敏感的品种,以免雌花减少,降低产量。黄瓜是短日照蔬菜,一般春黄瓜品种在春播短日照的条件下可促进雌花的形成，但如延迟到夏秋播种，在长日照的环境下就会产生枝叶繁茂，雌花少而雄花多，只开花不结瓜的现象，所以，一般春黄瓜品种不宜作夏秋黄瓜栽培。上海地区夏秋黄瓜一般选用津研系列类型的黄瓜，如夏黄瓜可选用清凉夏季、津杂2号等，秋黄瓜可选用津研黄瓜如津研4号、津研5号、津研7号、长光落合、立秋落合等。近几年上海地区种植较多的申青1号黄瓜，在夏秋种植时需使用植物生长调节剂进行处理。

（二）播种时期

夏黄瓜一般在6月中旬至6月下旬分批播种，秋黄瓜一般在7月上旬播种。黄瓜分批播种，一直可播到8月，若管棚黄瓜一直可播到8月下旬至9月初。夏秋黄瓜可直播、也可采用育苗移栽。育苗一般采用穴盘快速育苗。

（三）穴盘育苗

上海夏秋季节气温高，多暴雨及台风，自然灾害频繁，为确保夏秋黄瓜丰产、丰收，育苗应在塑料管棚内进行。

1.营养土配制

可采用菜园土（3年以上未种植过瓜类作物）：充分腐熟的有机肥＝5∶5；或采用草炭土∶珍珠岩∶煤渣为6∶2∶2的比例配制营养基质，并按基质总重量的3‰～5‰投入三元复合肥（N∶P_2O_5∶K_2O＝15∶15∶15）充分拌匀。营养土或营养基质按总重量的0.5%。投入25%多菌灵可湿性粉剂（1.2%～1.5%水溶液喷湿基质后闷24h），晾开堆放7～10d，待用。

2.装盘浇水

采用50穴或72穴育苗盘进行消毒后，将营养土或营养基质充填于育苗盘内，进行压实，使营养土或营养基质面略低于盘口。将已充填基质的育苗盘搁置于“搁盘架”上，在播种前4h左右浇足水分（以盘底滴水孔渗水为宜）。

3.播种

采用人工点播或机械播种，每穴1粒种子，播种深度为2～3mm。用基质把播种后留下的小孔盖平，补足水分(以盘底滴水孔渗水为宜)。在育苗盘上盖两层遮阳网，以利于保持水分。

4.苗期管理

播种后2d左右，出苗达到30%～35%时应及时揭去遮阳网，在光照较强的中午应在小拱棚上覆盖遮阳网，以利降温。根据秧苗生长情况及时补充水分，高温季节要求傍晚或清晨进行均匀喷雾(以盘底滴水孔渗水为宜)。

出苗前，棚内温度控制在28～30℃；出苗后，温度调控在25℃左右。在温度允许的情况下，应尽可能增加秧苗的光照时间，促使秧苗茁壮生长。

(四)定植前准备

1.整地作畦

选择3年以上未种过瓜类作物，地势高爽，排灌方便的大棚。

2.施基肥

每$667m^2$施有机肥2 000kg和25%蔬菜专用复合肥30kg，撒施均匀后进行旋耕，作畦同春季大棚栽培。

(五)定植

直播的黄瓜，播种前将种子浸泡3～4h，播后用遮阳网、麦秆、稻草等覆盖，降低土温，保持水分，防雷阵雨造成土壤板结，以利出苗。出苗后在子叶期间苗、移苗及补苗。

穴盘育苗移栽的，应进行小苗移栽，在两片子叶平展后即可定植。定植应在傍晚进行，每畦种两行，株距35cm，每$667m^2$ 2 000～2 200株。定植后随浇定根水，第2d进行复水。定植后应使用遮阳网覆盖，提高秧苗素质，为高产优质打好基础。

（六）田间管理

由于气温高，夏秋黄瓜蒸腾作用旺盛，需大量水分，因此，必须加强肥水管理。必要时进行沟灌，但忌满畦漫灌，夜间沟灌后要及时排去积水。黄瓜生长至20cm左右时应及时制作生长架。可采用搭架栽培，也可采用吊蔓栽培，及时引蔓、绑蔓和整枝，生长中后期要及时摘除中下部病叶、老叶。采收阶段要追肥，采用“少吃多餐”的方法，即追肥次数可以多一些，但浓度要淡一些，每次施肥量少一点，有利黄瓜吸收。同时，要加强清沟、理沟，及时做好开沟排水和除草工作。

（七）采收

夏秋黄瓜从播种至开始采收，时间短。夏黄瓜结果期正处于高温季节，果实生长快，容易老，要及早采收。秋黄瓜、秋延后大棚黄瓜，到后期秋凉时果实生长转慢，要根据果实生长及市场状况适时采收。

三、黄瓜嫁接技术

黄瓜嫁接是黄瓜根被葫芦科其他蔬菜根替换的栽培方式。开展嫁接栽培主要是为了防治和减轻土壤传染性病害的发生，解决黄瓜不能进行长期连作栽培的问题。同时，也可利用砧木根系生长力强的特点，增强嫁接黄瓜对不良环境的抵抗力，增强黄瓜吸肥能力，促使植株生长旺盛，最终达到增加产量的目的。

黄瓜嫁接首先要选好砧木和接穗。目前，在生产上砧木主要选择黑籽南瓜，也可用白籽南瓜。接穗先生产当季栽培所适宜的优良黄瓜品种，上海地区主要有申青1号、南杂2号、宝杂2号以及津研系列黄瓜等。

黄瓜嫁接方法有靠接法、插接法和劈接法等。目前，生产上常用的是靠接法和插接法。下面介绍靠接法。

(一)播种顺序

由于靠接法要求两种苗的大小应一致,黄瓜苗生长缓慢,故接穗应提前5～7d播种,然后播砧木。

(二)适时嫁接

黄瓜苗播后11～13d,第1真叶开始展开;砧木苗播后7～8d子叶完全展开,第1片真叶刚要展开时为嫁接的适期。

(三)嫁接方法

把黄瓜苗和砧木苗从苗床中取出,先拿起砧木苗,剔掉生长点,然后在2个子叶着生部的下侧面0.5～1cm处向下斜着呈30°～40°角把胚轴切到2/3处,切口斜面长为0.8～1cm。接穗在子叶下1cm左右处向上切成角度30°左右的斜口,深入胚轴3/5处,切口斜面长为0.7～1cm。将两个斜口互相插入,然后用嫁接夹夹住,立即将苗栽到育苗钵中。

(四)嫁接后的管理

(1)嫁接1～3d后的管理。此时是愈伤组织形成时期,也是嫁接苗成活的关键时期。一定要保证小拱棚内湿度达95%以上,棚膜内壁应挂满水珠,从外面看不见嫁接苗为宜。白天温度保持25～28℃,夜间18～20℃,3d内全天密封遮光。

(2)嫁接4～6d后的管理。此时棚内湿度应降到90%左右。白天温度保持23～26℃,夜间17～19℃。早晚逐渐见散射光。此时接穗的下胚轴会明显伸长,子叶叶色由深绿转为浅绿色,第1片真叶开始显现。

(3)嫁接7～10d后的管理。棚内湿度应降到85%左右。白天温度保持22～25℃,夜间16～18℃,可完全不遮光,并适当通风。为预防病菌侵染,此期间可用50%多菌灵可湿性粉剂600倍液喷雾防病。嫁接11d后至定植的管理与非嫁接黄瓜相同。

第二节 茭瓜(西葫芦)

一、对环境条件要求

茭瓜喜温暖而干燥的气候条件。种子发芽的适温为25～30℃,生长发育的适温为15～29℃,开花坐果的适温为22～25℃。茭瓜属短日照蔬菜,低温短日照能促进雌花形成,但还是需要充足的光照。它对土壤条件要求不甚严格,宜选用土层深厚,疏松而肥沃的土壤。茭瓜吸肥能力强,故栽培上应施入充足的基肥。

二、露地地膜覆盖栽培

(一)栽培季节

春季露地栽培4月中旬播种育苗,5月上中旬定植或4月中下旬直播,5月下旬至6月上旬采收。

夏秋露地栽培6月下旬至7月上旬播种育苗,7月上中旬定植或7月中旬直播,8月中下旬采收。

(二)品种选择

选择抗病、优质、高产、商品性好、符合市场消费习惯的品种,主要有凯旋2号、双丰2号、百利等。

(三)栽培技术

1. 整地作畦施肥

茭瓜不宜连作,应进行2～3年的轮作。头年秋季前作收获后,犁田晒地,灌好冬水,冬春耙耱。翌年3月上中旬,每667m^{2}施入腐熟有机肥5 000～6 000kg,磷酸二铵20kg,过磷酸钙50kg,硫酸钾15kg。基肥施入后深翻土地,耙碎土块,整平地面作畦,畦高 15～20cm、宽 140cm、沟宽 30cm,或作高 20～25cm、宽 60cm、沟宽 30cm 的高垄。

2. 定植(直播)

(1)定植(直播)时间。春季栽培的在 5 月上中旬定植或 4 月中下旬直播,夏季栽培的在 7 月上中旬定植或直播。

(2)定植(直播)方法。春季栽培,定植前 2d 苗床浇透水,选择晴天上午定植,定植时先铺好地膜,按株距在畦面上打孔或挖穴,每畦栽两行,将苗栽入后覆细湿土,栽完后浇水。采用直播的,先在畦上铺好地膜,按株距打孔或挖穴,穴深 6～7cm,直径 4～5cm,穴内浇水,水下渗后,将出芽的种子播入 1 粒,胚根朝下,覆盖过筛湿细土。或先在畦面打孔浇水,水下渗后播种覆土,再覆盖地膜。高垄栽培的,每垄播种或定植一行。夏季栽培可直播或育苗移栽。

(3)定植(直播)密度。高畦栽培,一般行距 85cm,株距 50cm,每 667m^2 栽苗 1 500 株左右;高垄栽培,一般行距 80cm,株距 50cm,每 667m^2 栽苗 1 600 株。

3. 田间管理

播种后(定植后)至结瓜前。先播种后覆膜的,幼苗出土后气温升高时在幼苗上方将地膜划一“十”字形洞口通风,以防高温灼伤幼苗。晚霜过后,从地膜开口处将秧苗挪出膜外,并将洞穴填平,植株四周地膜裂口用土压住,防止被风吹毁。瓜苗出土后,遇有寒流侵袭时注意防霜冻。

(1)追肥灌水。定植后或出苗以蹲苗为主。当田间植株有 90%以上坐瓜后,瓜有 0.25kg 重时,开始追肥灌水,每 667m^2 追施尿素 15～20kg、钾肥 10kg。结瓜盛期,每 15～20d 追肥一次,肥料用量、种类与第一次相同。大量采收期,要保持土壤湿润,每 7～10d 灌水一次,每次灌水应在采瓜前 2～3d 进行,夏季灌水应在早晚进行，水量不宜过大。生长中后期，喷施叶面宝或0.2%磷酸二氢钾水溶液或尿素作叶面肥，10d一次，防止早衰。

(2)中耕除草、打老叶、疏花疏果。定植缓苗或直播出苗后，在畦(垄)沟内中耕松土，清除杂草，边松土边打碎土坷垃，拍实保墒，一般进行2～3次，及时摘除病叶、老叶、畸形瓜，雌花太多要进行疏花疏果。

(3)保花保果。茭瓜属异花授粉作物，所以雌花开放必须进行人工授粉，防止雌花脱落。人工授粉在上午9时～10时进行，方法：将当天开放的雄花的花药摘下，插入雌花的柱头内，雄花少时，每朵雄花可授2～3朵雌花。如果雄花不足，可用丰产剂2号或防落素涂抹雌花柱头，亦可防止落花落瓜。

三、中小拱棚栽培

(一)栽培季节

3月上旬播种育苗，3月下旬至4月上旬定植，5月中旬采收。

(二)品种选择

品种主要有凯旋2号、双丰2号、百利等。

(三)栽培技术

1. 整地作畦施肥

头年前作物收获后，清洁地块，秋耕晒垡，灌好冬水。翌年2月中下旬扣膜暖地。头年秋耕前或翌年春覆膜前，每667m^{2}施腐熟有机肥5 000～7 000kg，磷酸二铵25kg或油饼25kg，硫酸钾20kg，过磷酸钙40kg。基肥施入地化冻后，深翻晒地，定植前耙碎土地，整平地面作垄，垄高20～25cm、宽60cm、沟宽30～40cm、垄距80cm，或作高畦，畦宽1.2m、高20～25cm、沟宽40cm。

2. 定植

(1)定植时间。4月上旬定植。

(2)定植方法。选晴天上午,定植时先铺地膜,按50cm株距在畦面上打孔,高畦每畦栽两行,高垄每垄栽一行,将苗栽入后覆土,再顺畦(垄)沟灌水,水量以离畦(垄)面10cm为宜。

(3)定植密度。一般行距80cm,株距50cm,每667m^{2}栽苗1 600株左右。

3. 田间管理

(1)追肥灌水。定植后以蹲苗为主,一般不灌水。当田间90%以上植株坐瓜后,结合追肥开始灌水,每667m^{2}施尿素20kg。结瓜盛期10d左右灌水一次,每15～20d追肥一次,肥料用量、种类与第一次相同。生长到中后期,喷施叶面宝或0.2%磷酸二氢钾水溶液或尿素作叶面肥,10d一次,防止早衰。

(2)温、湿度管理。定植后,要密闭保温,促进缓苗,白天温度保持在30～32℃,最高不超过35℃,相对湿度维持在80%～85%。缓苗后到结瓜前,要适当放风,降低棚温,白天温度为25～29℃。5月下旬以后,白天要揭开底边大通风,相对湿度维持在50%～60%。6月中旬以后,要日夜通风。7月上旬可揭膜。

(3)中耕、除草、打老叶、疏果。定植缓苗后,在畦(垄)沟内中耕松土,清除杂草,灌水前一般进行2～3次,并及时摘除病叶、老叶及畸形瓜,疏去过多的雌花。

(4)保花保果。每天上午9:00～10:00时,将当天开放的雄花的花药摘下,插入雌花的柱头内,雄花少时,每朵雄花可授2～3朵雌花,或用丰产剂2号或防落素涂抹雌花柱头,可防止落花落瓜。

4. 采收

一般5月中旬采收。

四、日光温室栽培

（一）秋冬茬栽培

1. 栽培季节

8 月中旬育苗，9 月上旬定植，10 月中下旬上市。

2. 品种选择

品种主要有凯旋 7 号、冬玉、百利等。

3. 栽培技术

（1）整地作畦施肥。前作收获后，温室应伏泡伏晒休闲。定植前高温闷棚消毒，然后每 667m^2 施入腐熟有机肥 4 000～5 000kg，过磷酸钙 40kg，磷酸二铵 30kg，硫酸钾 15kg，开沟施入畦底。基肥施入后翻地，耙碎土块，整平地面作高畦，畦高 15cm、宽 120cm、沟宽 30cm，或做成宽 60cm、高 20cm、沟宽 40cm 的高垄栽培。

（2）定植。①定植时间：8 月中旬直播或 9 月中旬定植。

②定植方法：育苗移栽的，定植时先铺地膜，在畦面上按 50cm 株距打孔，每畦栽两行；高垄栽培的，每垄一行，栽后浇水，并顺畦（垄）沟灌一水。直播的，按 50cm 株距打孔，浇水后将出芽的种子播入，胚根朝下，覆盖过筛湿细土，然后覆盖地膜。

③定植密度：一般行距 80cm，株距 50cm，每 667m^2 栽苗 1 600株左右。

（3）田间管理。①追肥灌水：定植后到坐瓜前，一般不浇水，以控水蹲苗为主。90％以上植株坐瓜后，结合追肥开始灌水，每 667 m^2 施尿素 20kg。结瓜盛期，10d 左右浇水一次。11 月以后，气候变冷不宜浇明水，可采用滴灌或膜下暗灌，而且灌水要选晴天上午进行。每 15～20d 追肥一次。

②温、湿度管理：秋冬茬茭瓜在播种时气温尚高，一般4～5d 即可出苗，要注意防雨和适当遮阳。定植后（9 月中旬），露地气

温开始下降,要及时在温室上覆盖薄膜,覆膜后的温、湿度管理是白天保持 20～25℃,夜间 14℃,室内相对湿度控制在 60%～70%。同时,根据温度高低进行通风换气。

③保花保果:雌花开放,应每天上午进行人工授粉或用激素处理雌花柱头。

(4)采收。10 月中下旬采收。

(二)冬春茬栽培、春茬栽培

1. 栽培季节

冬春茬栽培 10 月中下旬播种育苗,11 月中旬定植,12 月下旬上市。春茬栽培 12 月中下旬月上旬定植,2 月下旬至 3 月上旬上市。

2. 品种选择

品种主要有凯旋 7 号、冬玉、百利、阿多尼斯、9805 等。

3. 栽培技术

(1)整地作畦施肥。茭瓜不宜和瓜类连作,应轮作 2～3 年,前作收获后,清洁地块,进行土壤和温室消毒。整地前每 667m^2 施入腐熟有机肥5 000～7 000 kg,磷酸二铵 40kg,过磷酸钙 50kg,硫酸钾 15kg。基肥施入后,翻耕耙耱平整作畦,畦宽 1.0～1.2m,在畦中间作一深 15cm,宽 20cm 的灌水沟,进行膜下暗灌,畦高 20～25cm、沟宽 40cm。

(2)定植。①定植时间:冬春茬栽培的在 11 月中旬定植,春茬栽培的在 1 月上中旬定植,应选择晴天上午定植。

②定植方法:定植时先铺好地膜,按行株距在畦面上打孔,每畦栽两行,将苗栽入后覆细土、灌水,栽后顺畦沟灌水。

③定植密度:一般行距 80cm,株距 50cm,每 667m^2 栽苗 1 600株左右。

(3)田间管理。①追肥灌水:定植后至缓苗前进行蹲苗。90%以上植株坐瓜后,灌水追肥,每 667m^2 施尿素 20kg 或磷酸二铵 15kg。结瓜盛期,15～20d 追肥一次,用量与第一次相同。冬春气候寒冷,宜在晴天上午采用膜下暗灌或滴灌,水量不宜过大,在采瓜前2～3d 进行,之后视瓜秧长相、天气情况,每 7～10d 灌水一次。冬春季节气温低,通风少,室内 CO_2 欠缺,结瓜期可进行 CO_2 施肥,具体方法可参考黄瓜一节。

②温、湿度及光照管理:定植后到缓苗前,要密闭保温,白天温度保持在 30～32℃,夜间 15～20℃。缓苗后,开始通风降温降湿,白天保持 20～25℃,夜间 14℃,室内相对湿度控制在 70%～75%。结瓜期,白天室温保持在 25℃,夜间 15℃,相对湿度 60%。缓苗后在后墙张挂反光膜,增加室内光照,一般在 11 月下旬至翌年 3 月下旬增产效果最明显。

③保花保果、吊蔓:茭瓜属雌雄异花作物,因无传粉媒介必须进行人工授粉,将当天早晨开放的雄花的花药摘下,插入雌花的柱头内,雄花少时,每朵雄花可授 2～3 朵雌花,或用丰产剂 2 号、防落素涂抹雌花柱头。同时,瓜秧长到 60～70cm 高时,开始吊蔓,方法同黄瓜。

(4)采收。冬春茬栽培的在 12 月下旬采收,春茬栽培的在 2 月下旬至 3 月上旬采收。

第三节　西　瓜

西瓜起源于非洲热带草原,为葫芦科一年生攀缘性草本植物,我国栽培历史悠久。

一、生物学特性

(一)主要形态特征

1. 根

根系发达,主根入土深达 1.4～1.7m,侧根水平伸展可达

3m 左右,但主要根群分布于 30cm 左右土层内。西瓜发根早,但根量少,木质化程度高,再生能力弱,宜采用育苗钵育苗,苗龄不宜过长。

2. 茎

蔓性,中空。分枝力强,可进行 3～4 级分枝。茎基部易生不定根。

3. 叶

子叶两片,较肥厚,椭圆形。真叶属单叶,互生,叶缘缺刻深,表面有蜡质和茸毛,较耐旱。

4. 花

雌雄同株异花,个别品种有两性花。雄花出现节位一般在第 3～5 节,主蔓第一雌花着生节位随品种而异,一般在第 5～11 节,而后间隔5～7节再发生雌花,无单性结实能力。

为半日性花,即上午开花,午后闭花。虫媒花,设施栽培应进行人工授粉,并以开花当天进行为宜。

5. 果实

瓠果,有圆形、短圆筒形、长圆筒形等,大小不等。小果型品种单果重仅有 1～2kg,大果型品种可达 10～15kg 或更大。果实由果皮、果肉、种子 3 部分组成。果皮厚度及硬度,不同品种间差异较大,与耐运及贮藏性有关。皮色有淡绿、深绿、墨绿或近黑色、黄色、白色等,果面有条带、花纹或无。果肉有大红、淡红、深黄、黄、白等颜色,质地硬脆或沙瓤,味甜,中心可溶性固形物含量 10%～14%。

6. 种子

扁平,种子大小、形状、颜色、千粒重等因品种而异,多为卵圆形或长卵圆形,褐色、黑色或棕色,单色或杂色,表面平滑或具裂纹。小粒种子千粒重 20～25g,大粒种子千粒重 100～150g,

一般千粒重为 40～60g。种子使用寿命 3 年。

(二)生长发育周期

1. 发芽期

由种子萌动到两片子叶充分展开,第一片真叶露尖时结束,正常情况下,一般历时 8～10d。

2. 幼苗期

从第一片真叶露尖到出现 4～5 片真叶时结束,一般历时 25～30d。此期结束时,主蔓 14 节以内或 17 节以内的花芽已分化完毕。

3. 抽蔓期

由出现 4～5 片真叶到留瓜节的雌花开放时结束,一般历时 18～20d。

4. 结果期

从留瓜节的雌花开放到果实成熟,一般需要 30～40d。按果实的形态变化,通常将结瓜期分为坐瓜期、膨瓜期和变色期。

坐瓜期从开花到幼瓜表面茸毛稀疏消退(退毛)、果柄下弯时结束,需 4～6d。从幼瓜"退毛"到果实大小基本定型(定个)时为膨瓜期,需 15～25d。果实定个到成熟为变色期,一般需要 10d 左右。

(三)对环境条件的要求

1. 温度

喜热怕寒。生育适温为 25～30℃,10℃时生长发育停滞,低于 5℃发生冷害,高于 42℃产生高温障碍。根系生长最适温度为 25～30℃,最低温度为 10℃,低于 15℃根系发育不正常,最高温度不超过 38℃。

2. 光照

喜光,要求充足的日照时数和较强光照。一般每天需 10～

12h 的日照,光饱和点为 80000lx,光补偿点为 4000lx。

3. 湿度

西瓜整个生育期耗水量大,较耐旱,忌涝。适宜的空气相对湿度为 50%~60%。

4. 土壤营养

西瓜对土壤的适宜性较广,但以沙壤土或壤土为好。适宜 pH 值为 5~7,不耐盐碱,土壤含盐量高于 0.2%即不能正常生长。整个生育期对养分吸收量较大,三要素的吸收比例为氮(N)磷(P_2O_5)钾(K_2O)=3.28∶1∶4.33。

二、栽培季节与茬口安排

露地栽培应在无霜期内进行。设施栽培主要有塑料大、中、小棚春茬和秋茬栽培。春茬塑料大棚单层覆盖一般较当地露地西瓜提早 20~30d 定植,大棚内套盖小拱棚、夜间加盖草苫还可再提早 10~15d 定植。秋茬播种时间的确定应保证大棚内适宜生长的时间为 100~120d。

西瓜忌连作,应与大田作物或其他非瓜类蔬菜轮作 4~6 年。设施内连作时,应采取嫁接栽培,并加强病虫害预防。

三、栽培技术

(一)塑料大棚春茬栽培技术

1. 品种选择

应选用熟性较早、果型中等、耐低温、耐弱光、抗病、商品性好、品质佳、适宜嫁接栽培的品种。

2. 嫁接育苗

砧木有瓠瓜、南瓜、冬瓜和野生西瓜,以瓠瓜应用最多。嫁接方法有插接、靠接和劈接,以插接方法为最好,具体嫁接过程见嫁接育苗部分。

嫁接一个月左右，当瓜苗3叶1心时即可定植。

3. 施肥作畦

定植前15～20d扣棚，促地温回升。要求配方施肥，每667m^{2}参考施肥量为优质纯鸡粪3～4m^3、饼肥100～200kg、优质复合肥50kg，硫酸钾50kg、钙镁磷肥100kg、硼肥1kg、锌肥1kg。

在整平的地面上，开深50cm、宽1m的沟施肥。挖沟时将上层熟土放到沟边，下层生土放到熟土外侧。把一半捣碎捣细的粪肥均匀撒入沟底，然后填入熟土，与肥翻拌均匀，剩下的粪肥与钙镁磷肥、微肥以及70%左右的复合肥随着填土一起均匀施入20cm以上的土层内。施肥后平好沟，最后将施肥沟浇水，使沟土充分沉落。其余的肥料在西瓜苗定植时集中穴施。

大棚西瓜宜采用高畦，南北延长，爬地或支架栽培(图3—1)。

4. 定植

在大棚内10cm土层温度，稳定在13℃以上，最低气温稳定在5℃以上时为安全定植期。选晴天上午定植。按株距挖穴、浇水，水渗后将营养土坨埋入穴内，使坨与地表平齐。嫁接苗栽植不宜过深，以免嫁接口接触地面，浇水量应能保证将瓜苗周围的土渗透。定植后覆盖地膜。参考密度如下。

(1)支架或吊蔓栽培。采用大小行定植，大行距1.1m、小行距0.7m，早熟品种株距为0.4m、中熟品种0.5m，每667m^{2}定植株数分别为1 500～1 800株和1 300～1 500株。

(2)爬地栽培。中早熟品种可按等行距1.6～1.8m或大行距2.8～3.2m、小行距0.4m，株距0.4m栽苗，每667m^{2}定植900～1 000株；中熟品种可按等行距1.8～2m或大行距3.4～3.8m、小行距0.4m，株距0.5m栽苗，每667m^{2}定植600～800株。

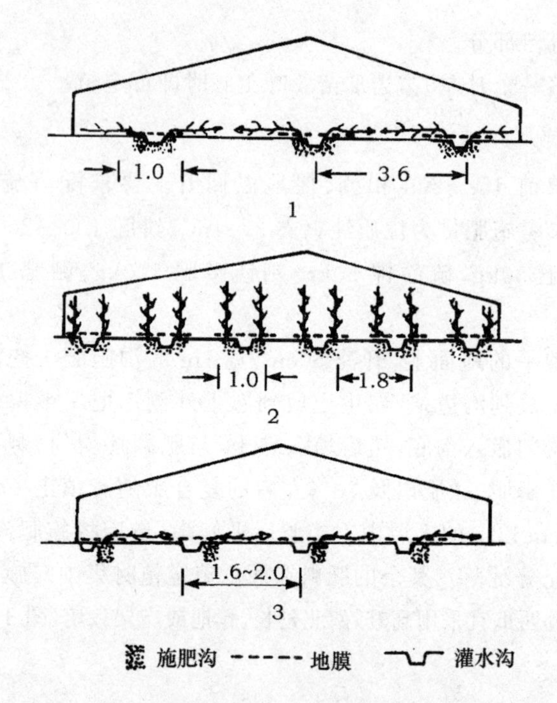

图 3-1　大棚西瓜栽培方式与栽培畦(单位:cm)

1.大小行距栽培用畦;2. 吊蔓或支架立体栽培用畦;

3. 等行距栽培用畦

5. 田间管理

(1)温度管理。定植后 5～7d 闷棚增温,白天温度保持在 30℃左右,夜间 20℃左右,最低夜温 10℃以上,10cm 地温维持在 15℃以上。温度偏低时,应及时加盖小拱棚、二道幕、草苫等保温。缓苗后开始少量放风,大棚内气温保持在 25～28℃,超过 30℃适当放风,夜间加强覆盖,温度保持在 12℃以上,10cm 地温保持在 15℃以上。随着外界气温的升高和蔓的伸长,当棚内夜温稳定在 15℃以上时,可把小拱棚全部撤除,并逐渐加大白天的放风量和放风时间。开花坐果期白天气温应保持在 30℃左右,夜间不低于 15℃,否则坐瓜不良。瓜开始膨大后要求高温，白天气温30～32℃，夜间15～25℃，昼夜温差保持10℃左右，地温25～28℃。

(2)肥水管理。定植前造足底墒，定植时浇足定根水，瓜苗开始甩蔓时浇一次促蔓水，之后到坐瓜前不再浇水。大部分瓜坐稳后浇催瓜水，之后要勤浇，经常保持地面湿润。瓜生长后期适当减少浇水，采收前7～10d停止浇水。

在施足基肥的情况下，坐瓜前一般不追肥。坐瓜后结合浇水每667m^{2}冲施尿素20kg、硫酸钾10～15kg，或充分腐熟的有机肥沤制液800kg。膨瓜期再冲施尿素10～15kg、磷酸二氢钾5～10kg。

开花坐瓜后，每7～10d进行一次叶面喷肥，叶面肥主要有0.1%～0.2%尿素、0.2%磷酸二氢钾、丰产素、1%复合肥浸出液以及1%红糖或白糖等。

(3)植株调整。采用吊蔓栽培时，当茎蔓开始伸长后应及时吊绳引蔓。多采取双蔓整枝，将两条蔓分别缠在两根吊绳上，使叶片受光均匀。引蔓时如茎蔓过长，可先将茎蔓在地膜上绕一周再缠蔓，但要注意避免接触土壤。

爬地栽培一般采取双蔓整枝或三蔓整枝法(图3－2)。双蔓整枝法保留主蔓和基部的一条健壮子蔓，多用于早熟品种；三蔓整枝法保留主蔓和基部两条健壮子蔓，其余全部摘除，多用于中、晚熟品种。当蔓长到50cm左右时，选晴暖天引蔓，并用细枝条卡住，使瓜秧按要求的方向伸长。主蔓和侧蔓可同向引蔓，也可反向引蔓，瓜蔓分布要均匀。

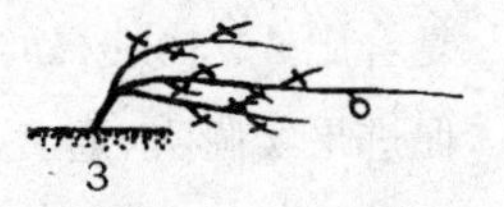

图3－2 西瓜整枝方式

1. 单蔓整枝；2. 双蔓整枝；3. 三蔓整枝

(4)人工授粉与留瓜。开花当天上午6:00～9:00授粉，阴雨天适当延后。一般每株瓜秧主蔓上的第1～3朵雌花和侧蔓上的第一朵雌花都要进行授粉。选留主蔓第二雌花坐瓜,每株留一个瓜,其他作为后备瓜。坐瓜后,要不断进行瓜的管理,包括垫瓜、翻瓜、竖瓜等。

吊蔓栽培时要进行吊瓜或落瓜,即当瓜长到500g左右时,用草圈从下面托住瓜或用纱网袋兜住西瓜,吊挂在棚架上,以防坠坏瓜蔓;或将瓜蔓从架上解开放下,将瓜落地,瓜后的瓜蔓在地上盘绕,瓜前瓜蔓继续上架。

(5)植物生长调节剂的应用。塑料大棚早春栽培西瓜,棚内温度低,为提高坐瓜率,可在授粉的同时,用20～50mg/L坐果灵蘸花。坐瓜前瓜秧发生旺长时,可用200mg/L助壮素喷洒心叶和生长点,每5～7d一次,连喷2～3次。

(6)割蔓再生。大棚西瓜采收早,适合进行再生栽培,一般采用割蔓再生法。具体做法是:头茬瓜采收后,在距嫁接口40～50cm处剪去老蔓。割下的老蔓连同杂草、田间废弃物清理出园,同时,喷施50%多菌灵可湿性粉剂500倍液进行田间消毒,再结合浇水每667m^2追施尿素12～15kg、磷酸二氢钾5～6kg,促使基部叶腋潜伏芽萌发。由于气温较高,光照充足,割蔓后7～10d就可长成新蔓,之后按头茬瓜栽培法进行整枝、压蔓以及人工授粉等。

温度管理上以防高温为主。根据再生新蔓的生长情况,开花坐果前可适量追施,一般每667m^2追施腐熟饼肥40～50kg,复合肥5～10kg,幼瓜坐稳后,每667m^2追施复合肥20～25kg,促进果实膨大,通常40～45d就可采收茬。

(二)地膜覆盖与双膜覆盖栽培

1. 品种选择

选用早熟或中熟品种。

2. 育苗

在加温温室或日光温室内，用育苗钵进行护根育苗，适宜苗龄为30～40d，具有3～4片真叶。

3. 定植

地膜覆盖于当地终霜期后定植，双膜覆盖（小拱棚＋地膜）可比露地提早15d左右。定植前15～20d开沟深施肥，沟深50cm、宽1m，施肥后平沟起垄，垄高15～20cm、宽50～60cm，早熟品种垄距为1.5～1.8m，中晚熟品种垄距1.8～2.0m，株距40～50cm。为节约架材和地膜，双膜覆盖还可采取单垄双株栽植或单垄双行栽植，垄距3.0m，早熟品种每667m^2定植1 100～1 300株，中熟品种800～900株，随定植随扣棚。

4. 田间管理

双膜覆盖定植后密闭保温，以利缓苗。缓苗后注意通风换气，防止高温烤苗。当外界气温稳定在18℃以上时撤除拱棚，南方地区雨水多，可在完成授粉后撤棚。多采用双蔓整枝，引蔓、压蔓要及时。为确保坐果，必须进行人工辅助授粉。头茬瓜结束后，加强管理，可收获二茬瓜。

（三）无籽西瓜栽培要点

1. 人工破壳、高温催芽

无籽西瓜种壳坚厚，种胚发育不良，发芽困难，需浸种后人工破壳才能顺利发芽。破壳时一定要轻，种皮开口要小，长度不超过种子长度的1/3，不要伤及种仁。无籽西瓜发芽要求的温度较高，以32～35℃为宜。

2. 适期播种、培育壮苗

无籽西瓜幼苗期生长缓慢，长势较弱，应比普通西瓜提早播种3～5d，苗期温度也要高于普通西瓜3～4℃。要加强苗床的保温工作，如架设风障、多层覆盖等。此外，在苗床管理时，还应适当减少通风量,以防止床内温度下降太快。出苗后及时摘去夹住子叶的种壳。

3. 配置授粉品种

无籽西瓜植株花粉发育不良,必须间种普通西瓜品种作为授粉株,生产上一般 3 行或 4 行无籽西瓜间种 1 行普通西瓜。授粉品种宜选用种子较小、果实皮色不同于无籽西瓜的当地主栽优良品种,较无籽西瓜晚播 5～7d,以保证花期相遇。

4. 适当稀植

无籽西瓜生长势强,茎叶繁茂,应适当稀植。一般每 667m^2 栽植 400～500 株。

5. 加强肥水管理

从伸蔓后至坐瓜期应适当控制肥水,浇水以小水暗浇为宜,以防造成徒长跑秧,难以坐果。瓜坐稳后应加大肥水供应量,肥水齐攻,可促进果实迅速膨大。

(四)小果型西瓜栽培

小果型西瓜一般以设施栽培为主,可利用日光温室或大棚进行早熟栽培和秋延后栽培。小果型西瓜对肥料反应敏感,施肥量为普通西瓜的 70%左右为宜,忌氮肥过多,要求氮磷钾配合施用。定植密度因栽培方式和整枝方式而异。吊蔓或立架栽培通常采用双蔓整枝,每 667m^2 定植 1 500～1 600 株。爬地栽培一般采用多蔓整枝,三蔓整枝每 667m^2 定植 700～750 株,四蔓整枝每 667m^2 定植 500～550 株。留瓜节位以第二或第三雌花为宜。每株留瓜数可视留蔓数而定。一般双蔓整枝留 1～2 个瓜,多蔓整枝可留 3～4 个瓜。部分品种可留二茬瓜,坐瓜节以下子蔓应尽早摘除。

(五)收获

西瓜品质与果实成熟度密切相关。可根据从雌花开放到果实成熟的天数判断是否成熟，早熟品种一般需要 30d 左右，中熟品种 35d 左右，晚熟品种 40d 以上。

从形态上看，成熟瓜留瓜节附近的几节卷须变黄或枯萎，瓜皮变亮、变硬，底色和花纹色泽对比明显，花纹清晰，呈现出老化状；瓜的花痕处和蒂部向内明显凹陷；瓜梗扭曲老化，基部的茸毛脱净。另外，以手托瓜，拍打发出较浑浊声音的为成熟瓜，声音清脆为生瓜。

就地供应时，一般采收九成熟瓜。外销或贮藏时，一般采收八成熟瓜。无籽西瓜比普通西瓜要适当提早采收，一般以九成至九成半熟采收较为适宜。小型西瓜大多皮薄怕压，不耐运输，最好外套泡沫网袋并装箱销售。

第四节　瓜类蔬菜病虫害及防治技术

一、黄瓜霜霉病

黄瓜霜霉病是黄瓜的重要病害之一，发生最普遍，常具有毁灭性。其他瓜类植物如甜瓜、丝瓜、冬瓜也有霜霉病的发生。西瓜抗病性较强，很少受害。

（一）症状

苗期和成株期均可发病。

(1)苗期。子叶正面出现形状不规则的黄色至褐色斑，空气潮湿时，病斑背面产生紫灰色的霉层。

(2)成株期。主要为害叶片。多从植株下部老叶开始向上发展。初期在叶背出现水浸状斑，后在叶正面可见黄色至褐色斑块，因受叶脉限制而呈多角形。常见为多个病斑相互融合而呈不规则形。露地栽培湿度较小，叶背霉层多为褐色；保护地内湿度大，霉层为紫黑色。

(二)病原

为鞭毛菌亚门霜霉科假霜霉属真菌。孢子囊梗由气孔伸出,常多根丛生,无色,(165～420)μm×(3.3～6.5)μm,不规则二叉状锐角分支3～6次,末端小梗上着生孢子囊。孢子囊椭圆形或卵圆形,淡褐色,顶端具乳突,(15～32)μm×(11～20)μm。游动孢子椭圆形,双鞭毛。卵孢子在自然情况下不易出现。

病菌有生理分化现象,有多个生理小种或专化型,为害不同的瓜类。

(三)发病规律

由于园艺设施栽培面积的不断扩大,黄瓜终年都可生产,黄瓜霜霉病能终年为害。病菌可在温室和大棚内以病株上的游动孢子囊形式越冬,成为翌年保护地和露地黄瓜的初侵染源,并以孢子囊形式通过气流、雨水和昆虫传播。

病害的发生、流行与气候条件、栽培管理和品种抗病性有密切关系。

病菌孢子囊形成的最适温度为15～19℃;孢子囊最适萌发温度为21～24℃;侵入的最适温度为16～22℃;气温高于30℃或低于15℃发病受到抑制。孢子囊的形成、萌发和侵入要求有水滴或高湿度。

在黄瓜生长期间,温度条件易于满足,湿度和降雨就成为病害流行的决定因素。当日平均气温在16℃时,病害开始发生;日平均气温在18～24℃,相对湿度在80%以上时,病害迅速扩展;在多雨、多雾、多露的情况下,病害极易流行。另外,排水不良、种植过密、保护地内放风不及时等,都可使田间湿度过大而加重病害的发生和流行。在北方保护地,霜霉病一般在2～3月为始见期,4～5月为盛发期。露地多发生在6～7月。

此外,叶片的生育期与病害的发生也有关系。幼嫩的叶片和老叶片较抗病,成熟叶片最易感病。因此,黄瓜霜霉病以成株期最多见，以植株中下部叶片发病最严重。

（四）防治方法

1.选用抗病品种

晚熟品种比早熟品种抗性强。但一些抗霜霉病的品种往往对枯萎病抗性较弱，应注意对枯萎病的防治。抗病品种有津研2号、6号，津杂1号、2号，津春2号、4号，京旭2号，夏青2号，鲁春26号，宁丰1号、2号，郑黄2号，吉杂2号，夏丰1号，杭青2号，中农3号等，可根据各地的具体情况选用。

2.栽培无病苗，提高栽培管理水平

采用营养钵培育壮苗，定植时严格淘汰病苗。定植时应选择排水好的地块，保护地采用双垄覆膜技术，降低湿度；浇水在晴天上午，灌水适量。采用配方施肥技术，保证养分供给。及时摘除老叶、病叶，提高植株内通风透光性。此外，保护地还可采用以下防治措施。

(1)生态防治。根据天气条件，在早晨太阳未出时排湿气40～60min，上午闭棚，控制温度在25～30℃，低于35℃；下午放风，温度控制在20～25℃，相对湿度在60%～70%，低于18℃停止放风。傍晚条件允许可再放风2～3h。夜间温度应保持在12～13℃；外界气温超过13℃，可昼夜放风，目的是将夜晚结露时间控制在2h以下或不结露。

(2)高温闷棚。在发病初期进行。选择晴天上午闭棚，使生长点附近温度迅速升高至40℃，调节风口，使温度缓慢升至45℃，维持2h，然后大放风降温。处理时若土壤干燥，可在前一天适量浇水，处理后适当追肥。每次处理间隔7～10d。注意：棚温度超过47℃会灼伤生长点，低于42℃效果不理想。

3.药剂防治

在发病初期用药，保护地用45%百菌清烟雾剂（安全型）每667m^{2}200～300g，分放在棚内4～5处，密闭熏蒸1夜，次日早晨通风。隔 7d 熏 1 次,或用 5%百菌清粉尘剂、5%加瑞农粉尘剂每 $667m^2$ 1kg,隔 10d 1 次。

露地可用 69%安克锰锌可湿性粉剂 1 500 倍液、72.2%普力克水剂 800 倍液、72%克露可湿性粉剂 500～750 倍液、70%安泰生可湿性粉剂 500～700 倍液、56%水分散颗粒剂 500～700 倍液、25%甲霜灵可湿性粉剂 800 倍液、40%乙膦铝水溶性粉剂 300 倍液、64%杀毒矾可湿性粉剂 500 倍液、80%大生湿性粉剂 600 倍液。

二、瓜类枯萎病

瓜类枯萎病又称蔓割病、萎蔫病,是瓜类植物的重要土传病害,各地有不同程度的发生。病害为害维管束、茎基部和根部,引起全株发病,导致整株萎蔫以至枯死,损失严重。主要为害黄瓜、西瓜,亦可为害甜瓜、西葫芦、丝瓜、冬瓜等葫芦科作物,但南瓜和瓠瓜对枯萎病免疫。

(一)症状

该病的典型症状是萎蔫。田间发病一般在植株开花结果后。发病初期,病株表现为全株或植株一侧叶片中午萎蔫似缺水状,早晚可恢复;数日后整株叶片枯萎下垂,直至整株枯死。主蔓基部纵裂,裂口处流出少量黄褐色胶状物,潮湿条件下病部常有白色或粉红色霉层。纵剖病茎,可见维管束呈褐色。

幼苗发病,子叶变黄萎蔫或全株枯萎;茎基部变褐,缢缩,导致立枯。

(二)防治方法

1.选育

利用抗病品种黄瓜晚熟品种较抗病,如长春密刺、山东密刺、中农 5 号。将瓠瓜的抗性基因导入西瓜培育中,并育出了系列抗病品种,目前开始在生产上应用。

2.农业防治

与非瓜类植物轮作至少3年以上，有条件可实施1年的水旱轮作，效果也很好。育苗采用营养钵，避免定植时伤根，减轻病害。施用腐熟粪肥。结果后小水勤灌，适当多中耕，使根系健壮，提高抗病力。

3.嫁接防病

西瓜与瓠瓜、扁蒲、葫芦、印度南瓜，黄瓜与云南黑籽南瓜等嫁接，成活率都在90%以上。但果实的风味稍受影响。

4.药剂防治

种子处理可用60%防霉宝1 000倍液+平平加1 000倍液浸种60min；定植前20～25d用95%棉隆对土壤处理，10kg药剂拌细土每667m^2 120kg，撒于地表，耕翻20cm，用薄膜盖12d熏蒸土壤；苗床用50%多菌灵可湿性粉剂8g/m^2配成药土进行消毒；或用50%多菌灵每667m^2 4kg配成药土施于定植穴内。

发病初期可用20%甲基立枯磷乳油1 000倍液、50%多菌灵500倍液、70%甲基托布津可湿性粉剂500～600倍液、10%双效灵300倍液，40%抗枯灵500倍液灌根，每株用药液100ml，隔10d灌1次，连续3～4次。并用上述药剂按1∶10的比例与面粉调成稀糊涂于病茎，效果较好。

5.生物防治

用木霉菌等拮抗菌拌种或土壤处理也可抑制枯萎病的发生。台湾研究用含有腐生镰刀菌和木霉菌的20%玉米粉、1%水苔粉、1.5%硫酸钙与0.5%磷酸氢二钾混合添加物，施入西瓜病土中，防效达92%。

三、瓜类白粉病

瓜类白粉病在葫芦科蔬菜中，以黄瓜、西葫芦、南瓜、甜瓜、苦瓜发病最重，冬瓜和西瓜次之，丝瓜抗性较强。

(一)症状

白粉病自苗期至收获期都可发生,但以中后期为害严重。主要为害叶片,一般不为害果实;初期叶片正面和叶背面产生白色近圆形的小粉斑,以后逐渐扩大连片。白粉状物后期变成灰白色或红褐色,叶片逐渐枯黄发脆,但不脱落。秋季病斑上出现散生或成堆的黑色小点。

(二)防治方法

宜选用抗病品种和加强栽培管理为主,配合药剂防治的综合措施。

1.选用抗病品种

一般抗霜霉病的黄瓜品种也较抗白粉病。

2.加强栽培管理

注意田间通风透光,降低湿度,加强肥水管理,防止植株徒长和早衰等。

3.温室熏蒸消毒

白粉菌对硫敏感,在幼苗定植前 2～3d,密闭棚室,每 $100m^3$ 用硫黄粉 250g 和锯末粉 500g(1∶2)混匀,分置几处的花盆内,引燃后密闭一夜。熏蒸时,棚室内温度应维持在 20℃左右。也可用 45%百菌清烟剂,用法同黄瓜霜霉病。

4.药剂防治

目前,防治白粉病的药剂较多,但连续使用易产生抗药性,注意交替使用。

所用药剂有 40%杜邦福星乳油 8 000～10 000 倍液、30%特富灵可湿性粉剂 1 500～2 000 倍液、70%甲基托布津可湿性粉剂 1 000 倍液、15%粉锈宁可湿性粉剂 1 500 倍液、40%多硫悬浮剂 500～600 倍液、6%乐比耕可湿性粉剂 3 000～5 000 倍液等。

注意:西瓜、南瓜抗硫性强,黄瓜、甜瓜抗硫性弱,气温超过32℃,喷硫制剂易发生药害,但气温低于20℃时防效较差。

四、瓜类炭疽病

瓜类炭疽病是瓜类植物的重要病害,以西瓜、甜瓜和黄瓜受害严重,冬瓜、瓠瓜、葫芦、苦瓜受害较轻,南瓜、丝瓜比较抗病。此病不仅在生长期为害,在储运期病害还可继续蔓延,造成大量烂瓜,加剧损失。

(一)症状

病害在苗期和成株期都能发生,植株子叶、叶片、茎蔓和果实均可受害。症状因寄主的不同而略有差异。

(1)苗期。子叶边缘出现圆形或半圆形、中央褐色并有黄绿色晕圈的病斑;茎基部变色、缢缩,引起幼苗倒伏。

(2)成株期。西瓜和甜瓜的叶片病斑黑色,纺锤形或近圆形,有轮纹和紫黑色晕圈;茎蔓和叶柄病斑椭圆形,略凹陷,有时可绕茎一周造成死蔓。果实多为近成熟时受害,由暗绿色水浸状小斑点扩展为暗褐至黑褐色的近圆形病斑,明显凹陷龟裂;湿度大时,表面有粉红色黏状小点;幼瓜被害,全果变黑皱缩腐烂。

黄瓜的症状与西瓜和甜瓜相似,叶片上病斑也为近圆形,但为黄褐色或红褐色,病斑的晕圈为黄色,病斑上有时可见不清晰的小黑点,潮湿时也产生粉红色黏状物,干燥时病部开裂或脱落。瓜条在未成熟时不易受害,近成熟瓜和留种瓜发病较多,由最初的水渍状小斑点扩大为暗褐色至黑褐色、稍凹陷的病斑,上生有小黑点或粉红色黏状小点;茎蔓和叶柄上的症状与西瓜、甜瓜相似。

(二)防治方法

采用抗病品种或无病良种,结合农业措施预防病害,再辅以药剂保护的综合防治措施。

1.选用抗(耐)病品种

合理布局瓜类作物品种对炭疽病的抗性差异明显,但抗性有逐年衰减的规律,应注意品种的更新。目前黄瓜品种可用津杂1号、津杂2号,津研7号等;西瓜品种可用红优2号、丰收3号、克伦生等。

2.种子处理

无病株采种,或播前用55℃温水浸种15min,迅速冷却后催芽。或用40%福尔马林100倍液浸种30min,用清水洗净后催芽;注意西瓜易产生药害,应先试验,再处理。或50%多菌灵可湿性粉剂500倍液浸种60min,或每千克种子用2.5%适乐时4～6ml包衣,均可减轻为害。

3.加强栽培管理

与非瓜类作物实行3年以上轮作;覆盖地膜,增施有机肥和磷钾肥;保护地内控制湿度在70%以下,减少结露;田间操作应在露水干后进行,防止人为传播病害。采收后严格剔除病瓜,储运场所适当通风降温。

4.药剂防治

可选用:80%大生可湿性粉剂800倍液、25%施保克乳油4 000倍液、80%炭疽福美可湿性粉剂800倍液、50%多菌灵可湿性粉剂500倍液、70%甲基托布津可湿性粉剂800倍液、65%代森锌可湿性粉剂500倍液;75%百菌清可湿性粉剂500倍液、2%农抗120水剂200倍液或2%武夷霉素水剂200倍液等。保护地内在发病初期,也可用45%百菌清烟雾剂每667$m^2$250～300g,效果也很好。每7d左右喷1次药,连喷3～4次。

五、黄瓜黑星病

黄瓜黑星病是一种世界性病害,20世纪70年代前我国仅在东北地区温室中零星发生,80年代以来,随着保护地黄瓜的发展,这种病害迅速蔓延和加重,目前,已扩展到了黑龙江、吉林、辽宁、河北、北京、天津、山西、山东、内蒙古自治区、上海、四川和海南12省市区。目前,此病已成为我国北方保护地及露地栽培黄瓜的常发性病害,一般损失可达10%～20%,严重时可达50%以上,甚至绝收。该病除为害黄瓜外,还侵染南瓜、西葫芦、甜瓜、冬瓜等葫芦科蔬菜,是生产上亟待解决的问题。

(一)症状

整个生育期均可发生,其中,嫩叶、嫩茎及幼瓜易感病,真叶较子叶敏感。子叶受害,产生黄白色近圆形斑,发展后引致全叶干枯;嫩茎发病,初期呈水渍状暗绿色梭形斑,后变暗色,凹陷龟裂,湿度大时病斑上长出灰黑色霉层(分生孢子梗和分生孢子);生长点附近嫩茎被害,上部干枯,下部往往丛生腋芽。成株期叶片被害,开始出现褪绿的近圆形小斑点,干枯后呈黄白色,容易穿孔,孔的边缘不整齐略皱,且具黄晕,穿孔后的病斑边缘一般呈星纹状;叶柄、瓜蔓被害,病部中间凹陷,形成疮痂状病斑,表面生灰黑色霉层;卷须受害,多变褐色而腐烂;生长点发病,经两三天烂掉形成秃桩。病瓜向病斑内侧弯曲,病斑初流半透明胶状物,以后变成琥珀色,渐扩大为暗绿色凹陷斑,表面长出灰黑色霉层,病部呈疮痂状,并停止生长,形成畸形瓜。

(二)防治方法

1.加强检疫,选用无病种子

严禁在病区繁种或从病区调种。做到从无病地留种,采用冰冻滤纸法检验种子是否带菌。带病种子要进行消毒,可采用温汤浸种法,即50℃温水浸种30min,或55～60℃恒温浸种15min,取出冷却后催芽播种。亦可用0.4%的50%多菌灵或克菌丹可湿性粉剂拌种。

2.选用抗病品种

如青杂1号、青杂2号、白头霜、吉杂1号、吉杂2号、中农

11、中农13、津研7号等。

3.加强栽培管理

覆盖地膜,采用滴灌等节水技术,轮作倒茬,重病棚(田)应与非瓜类作物进行2年以上轮作。施足充分腐熟肥作基肥,适时追肥,避免偏施氮肥,增施磷、钾肥。合理灌水,尤其定植后至结瓜期控制浇水十分重要。保护地黄瓜尽可能采用生态防治,尤其要注意湿度管理,采用放风排湿、控制灌水等措施降低棚内湿度。冬季气温低应加强防寒、保暖措施,使秧苗免受冻害。白天控温28～30℃,夜间15℃,相对湿度低于90%。增强光照,促进黄瓜健壮生长,提高抗病能力。

4.药剂防治

(1)药剂浸种。50%多菌灵500倍液浸种20～30min后,冲净再催芽,或用冰醋酸100倍液浸种30min。直播时可用种子重量0.3%～0.4%的50%多菌灵或50%克菌丹拌种,均可取得良好的杀菌效果。

(2)熏蒸消毒。温室或大棚定植前10d,每55m³空间用硫黄粉0.13kg,锯末0.25kg混合后分放数处,点燃后密闭大棚,熏1夜。

(3)发病初期及时摘除病瓜,立即喷药防治。采用粉尘法或烟雾法,于发病初期开始用喷粉器喷撒10%多百粉尘剂,每公顷用药1.5kg;或施用45%百菌清烟剂,每公顷用药1～1.35kg,连续3～4次。

(4)棚室或露地发病初期可喷洒下列杀菌剂:50%多菌灵+70%代森锰锌、50%扑海因、65%甲霉灵、6%乐比耕、40%福星、70%霉奇洁、50%施保功等,隔7～10d喷1次,连续3～4次。也可用10%多百粉尘剂。

六、黄瓜菌核病

黄瓜菌核病是保护地黄瓜栽培的重要病害,一般发病田块减产10%～30%，严重的可减产90%以上。该病除为害黄瓜外，还为害甘蓝、白菜、萝卜、番茄、茄子、辣椒、莴苣、芹菜等蔬菜。

(一)症状

叶、果实、茎等部位均可被侵染。叶片染病始于叶缘，初期呈水浸状，淡绿色，湿度大时长出少量白霉，病斑呈灰褐色，蔓延速度快，致叶枯死。幼瓜发病先从残花部，成瓜发病先从瓜尖开始发病，向瓜柄部扩展；病部初呈灰绿色到黄绿色，水浸状软化，随后病部长满白色棉絮状菌丝层，不久在菌丝层里长出菌核，最后瓜落地腐烂。茎染病多在茎基部，初期呈水渍状病斑，逐渐扩大使病茎变褐软腐，产生白色菌丝和黑色菌核，除在茎表面形成菌核外，剥开茎部，可发现大量菌核，严重时植株枯死。

(二)防治方法

1. 农业防治

(1)土壤深翻15cm以上，阻止菌核萌发。

(2)实行轮作，培育无病壮苗。未发病的温室或大棚忌用病区培育的幼苗，防止菌核随育苗土传播。

(3)清除田间杂草，有条件的覆盖地膜，抑制菌核萌发及子囊盘出土。发现子囊盘出土，及时铲除，集中销毁。

(4)加强管理，注意通风排湿，减少传播蔓延。

2. 药剂防治

棚室采用烟雾法或粉尘法。于发病初期，每667m^{2}用10%速克灵烟剂250～300g熏1夜；也可于傍晚喷撒5%百菌清粉尘剂，每667m^{2}每次用药1kg，隔7～9d喷1次。同时于发病初期用40%菌核净可湿性粉剂500倍液，或50%农利灵可湿性粉剂1 200倍液，或50%速克灵可湿性粉剂1 500倍液，或50%扑海因可湿性粉剂1 500倍液，或80%多菌灵可湿性粉剂600倍液，或20%甲基立枯磷乳油800倍液等药剂交替喷雾使用。隔

7～10d 喷 1 次,连续防治 3～4 次。

七、黄瓜蔓枯病

黄瓜蔓枯病是黄瓜栽培中的一种重要病害,在保护地和露地黄瓜上均有发生,常在很短的时间内造成瓜蔓整垄整片地萎蔫,一般减产 15%～30%。特别是在高温多雨季节发生严重,严重威胁黄瓜生产。由于瓜农长期单一使用化学农药,致使病菌产生了强烈的抗药性,防治效果越来越差,黄瓜产量和质量受到明显影响。

(一)症状

茎蔓、叶片和果实等均可受害。茎被害时,靠近茎节部呈现油渍状病斑,椭圆形或菱形,灰白色,稍凹陷,分泌出琥珀色的胶状物。干燥时病部干缩,纵裂呈乱麻状,表面散生大量小黑点。潮湿时病斑扩展较快,绕茎一圈可使上半部植株萎蔫枯死,病部腐烂。叶子上的病斑近圆形,有时呈"V"字形或半圆形,淡褐色至黄褐色,病斑上有许多小黑点,后期病斑容易破碎,病斑轮纹不明显。果实多在幼瓜期花器感染,果肉淡褐色软化,呈心腐状。

(二)防治方法

1. 农业防治

(1)选用抗病、耐病品种。津优 2 号、津优 3 号、津研 2 号等抗病性较好,可因地制宜优先选用。

(2)种子处理。选用无病种子或在播种前先用 55℃温水浸种 15min,捞出后立即投入冷水中浸泡 2min 至 4h,再催芽播种;或用 50%福美双可湿性粉剂以种子重量的 0.3%拌种。

(3)实行轮作。最好实行 2～3 年非瓜类作物轮作。

(4)加强栽培管理。增施有机肥,适时追肥,在施氮肥时要配合磷钾肥,促使植株生长健壮。及时进行整枝搭架,适时采收。保护地栽培要以降低湿度为中心，实行垄作，覆盖地膜，膜下暗灌，合理密植，加强通风透光，减少棚室内湿度和滴水。露地栽培避免大水漫灌。雨季加强防涝，降低土壤水分。发病后适当控制浇水。及时摘除病叶，收获后烧毁或深埋病残体。

2. 药剂防治

选用高效、低毒残留药剂防治。发病初期及时喷药防治，可用75%百菌清可湿性粉剂600倍液，或70%代森锰锌可湿性粉剂500倍液，或50%甲基托布津可湿性粉剂500倍液，每5～7d喷1次，视病情连喷2～3次，重点喷洒瓜秧中下部茎叶和地面。发病严重时，茎部病斑可用70%代森锰锌可湿性粉剂500倍液涂抹，效果较好。棚室栽培可用45%百菌清烟雾剂熏蒸，每667m^2用量110～180g，分放5～7处，傍晚点燃后闭棚过夜，7d熏1次，连熏3次，可获理想的防治效果。需要注意的是，合理混用或交替使用化学农药，可延缓病菌抗药性产生，大大提高防治效果。

八、黄瓜细菌性角斑病

黄瓜细菌性角斑病是我国北方保护地黄瓜的一种重要病害。寄主是黄瓜、葫芦、西葫芦、丝瓜、甜瓜、西瓜等。随着近年来塑料大棚栽培的普及，该病的为害日趋严重。一些老菜区减产10%～30%，严重的减50%以上，甚至绝收。全国各地均有发生，东北、华北发生严重。

（一）症状

主要为害叶片，也为害茎、叶柄、卷须、果实等。叶片受害，先是叶片上出现水浸状的小病斑，病斑扩大后因受叶脉限制而呈多角形，黄褐色，带油光，叶背面无黑霉层，后期病斑中央组织干枯脱落形成穿孔。果实和茎上病斑初期呈水浸状，湿度大时可见乳白色菌脓。果实上病斑可向内扩展，沿维管束的果肉逐渐变色，果实软腐有异味。卷须受害，病部严重时腐烂折断。

细菌性角斑病与霜霉病的主要区别有:①病斑形状、大小:细菌性角斑病的叶部症状是病斑较小而且棱角不像霜霉病明显,有时还呈不规则形。霜霉病的叶部症状是形成较大的棱角明显的多角形病斑,后期病斑会连成一片。②叶背面病斑特征:将病叶采回,用保温法培养病菌,24h 后观察。病斑为水渍状,产生乳白色菌脓(细菌病征)者,为细菌性角斑病;病斑长出紫灰色或黑色霉层者为霜霉病。湿度大的棚室,清晨观察叶片,就能区分。③病斑颜色:细菌性角斑病变白、干枯、脱落为止;霜霉病病斑末期变深褐色,干枯为止。④病叶对光的透视度:有透光感觉的是细菌性角斑病;无透光感觉的是霜霉病。⑤穿孔:细菌性角斑病病斑后期易开裂形成穿孔;霜霉病的病斑不穿孔。

(二)防治方法

由于黄瓜角斑病的症状类似黄瓜霜霉病,所以防治上易混淆,造成严重损失。

1.选用抗病、耐病品种

中国、日本等国家对已有的品种进行人工接菌鉴定,还没有发现免疫品种,但品种间发病程度有明显差异,津研 2 号、津研 6 号、津早 3 号、黑油条、夏青、全青、鲁青、光明、鲁黄瓜四号等为抗性品种。

2.选用无病种子

从无病植株或瓜条上留种,瓜种用 70℃恒温干热灭菌 72h,或 50～52℃温水浸种 20min,捞出晾干后催芽播种;或转入冷水泡 4h,再催芽播种。用代森铵水剂 500 倍液浸种 1h 取出,用清水冲洗干净后催芽播种;用次氯酸钙 300 倍液浸种 30～60min,或 40%福尔马林 150 倍液浸 1.5h,或 100 万单位硫酸链霉素 500 倍液浸种 2h,冲洗干净后催芽播种;每克种子也可用新植霉素 200μg 浸种 1h,用清水浸 3h 催芽播种。

3.加强田间管理

培育无病种苗,用无病土苗床育苗;与非瓜类作物实行2年以上轮作;生长期及收获后清除病叶,及时深埋。保护地适时放风,降低棚室湿度,发病后控制灌水,促进根系发育,增强抗病能力;露地实施高垄覆膜栽培,平整土地,完善排灌设施,收获后清除病株残体,翻晒土壤等。在基肥和追肥中注意加施偏碱性肥料。

4.药剂防治

可选用5%百菌清粉尘或5%加瑞农粉尘每667$m^2$1kg或新植霉素、农用链霉素5 000倍液,喷雾防治,每7d 1次,连续2～3次。也可喷30%或50%琥胶肥酸铜、50%代森锌、50%甲霜铜、50%代森铵、14%络氨铜、77%可杀得等,连防3～4次。日本北兴化学株式会社生产的2%加收米对该病有很好的防效。与霜霉病同时发生时,可喷施70%甲霜铝铜或50%瑞毒铜。也可选择粉尘法,即喷撒10%乙滴、5%百菌清或10%脂铜粉尘剂。

第四章　茄果类蔬菜栽培

第一节　番　茄

一、春季大棚栽培技术

(一)播种育苗

1.品种选择

大棚栽培一般都选早熟品种和中熟品种,上海地区的主要品种有浙粉202、浙粉988、合作906、合作908、金棚1号、21世纪宝粉、L402等。

2.播种期

11月上中旬在大棚内播种育苗,翌年1月下旬至2月中旬定植,4月上旬至7月上旬采收。

3.种子处理

播种前进行种子处理,剔除杂质、劣籽后,用55℃温水浸种15min,并不断搅拌。将种子放在清水中浸种3～8h,捞出用纱布包好,在25～30℃的环境中催芽,50%以上种子露白即可播种。

4.播种

常用的育苗方法有两种,即苗盘育苗和苗床育苗。

(1)苗盘育苗。苗盘规格是25cm×60cm的塑料育苗盘,每个盘播种5g，每667m²生产田用种30～40g。装好营养土浇足底水后播种，播后覆盖0.5cm左右厚的盖籽土。苗盘下铺电加温线，上盖小环棚。营养土配制是按体积比肥沃菜园土6份、腐熟干厩肥3份、砻糠灰1份配制而成。

(2)苗床育苗。苗床宽1.5m，平整后铺电加温线，电加温线之间的距离为10cm，然后覆盖10cm厚的营养土，浇足底水后播种，播后覆盖0.5cm左右厚的盖籽土。播种量每平方米15g左右。苗床上盖小环棚。

5.苗期管理

当幼苗有1片真叶时进行分苗，移入直径8cm的塑料营养钵内，然后在大棚内套小环棚，加盖无纺布、薄膜等保温材料。整个育苗期间以防寒保暖为主，并要遵循出苗前高、出苗后低，白天高、夜间低的温度管理原则。夜间温度不应低于15℃，白天温度在20℃以上，以利花芽分化，减少畸形果。同时要预防高温烧苗，应根据天气情况和苗情适时揭盖覆盖物。出苗后应经常保持多见阳光，当叶与叶相互遮掩时，拉大营养钵的距离，以防徒长。苗期可用叶面肥，如天缘、赐保康等喷施。壮苗标准是苗高18～20cm，茎粗0.6cm左右，节间短，有6～8片真叶。植株健壮，50%以上苗现蕾，苗龄65～75d。定植前7d左右注意通风降温，加强炼苗。

(二)定植前准备

1.整地作畦

选择地势高爽，前2年未种过茄果类作物的大棚，施入基肥并及早翻耕，然后作成宽1.5m(连沟)的深沟高畦，每标准棚(30m×6m)作4畦。畦面上浇足底水后覆盖地膜。

2.施基肥

一般每667m²施腐熟有机肥4 000kg或商品有机肥1 000kg，再加25%蔬菜专用复合肥50kg或52%茄果类蔬菜专用肥

($N:P_2O_5:K_2O=21:13:18$)30～35kg,肥料结合耕地均匀翻入土中后作畦。

(三)定植

1.定植时间

当苗龄适宜,棚内温度稳定在10℃以上时即可定植。一般在1月下旬至2月上旬,选择无风的晴天定植。

2.定植方法

定植前营养钵浇透水,畦面按株行距先用制钵机打孔,定植深度以营养钵土块与畦面相平为宜。定植后,立即浇定根水,定植孔用土密封严实。同时,搭好小环棚,盖薄膜和无纺布。

3.定植密度

每畦种2行,行距60cm,株距30～35cm,每667m^2栽2 400株左右。

(四)田间管理

大棚春番茄的管理原则以促为主,促早发棵、早开花、早坐果、早上市,后期防早衰。

1.温光调控

定植后闷棚(不揭膜)2～4d。缓苗后根据天气情况及时通风换气,降低湿度,通风先开大棚再适度揭小棚膜。白天尽量使植株多照阳光,夜间遇低温要加盖覆盖物防霜冻,一般在3月下旬拆去小环棚。以后通风时间和通风量随温度的升高逐渐加大。

2.植株整理

第一花序坐果后要搭架、绑蔓、整枝,整枝时根据整枝类型将其他侧枝及时摘去,使棚内通风透光,以利植株的生长发育。留3～4穗果时打顶,顶部最后一穗果上面留2片功能叶,以保证果实生长的需要。每穗果应保留3～4个果实,其余的及时摘去。结果后期摘除植株下部的老叶、病叶，以利通风透光。

3.追肥

肥料管理掌握前轻后重的原则。定植后10d左右追1次提苗肥，每667m^{2}施尿素5kg。第一花序坐果且果实直径3cm时进行第二次追肥，第二、第三花序坐果后，进行第三、第四次追肥，每667m^{2}每次追尿素7.5～10kg或三元复合肥5～15kg。采收期，采收1次追肥1次，每667m^{2}每次追尿素5kg、氯化钾1kg。

4.水分管理

定植初期，外界气温低，地温也低，不利于根系生长，一般不需要补充水分。第一花序坐果后，结合追肥进行浇灌，此时，大棚内温度上升，番茄植株生长迅速，并进入结果期，需要大量的水分。每次追肥后要及时灌水，做到既要保证土壤内有足够的水分供应，促进果实的膨大，又要防止棚内湿度过高而诱发病害。

5.生长调节剂使用

第一花序有2～3朵花开时，用激素喷花或点花，防止因低温引起的落花落果，促进果实膨大，抑制植株徒长是确保番茄早熟丰产的重要措施之一。常用激素主要为番茄灵，用于浸花，也可用于喷花，浓度掌握在30～40mg/kg。使用番茄灵必须在植株发棵良好、营养充足的条件下进行，因此，定植后不宜过早使用。番茄灵也可防止高温引起的落花落果，在生长后期也可使用，但使用后要增加后期的追肥，防止早衰。

（五）采收

番茄果实已有3/4的面积变成红色时，营养价值最高，是作为鲜食的采收适期。通常第一、第二花序的果实开花后45～50d采收，后期（第三、第四花序）的果实开花后40d左右采收。采收时应轻拿、轻放，并按大小等分成不同的规格，放入塑料箱内。

一般每 667m² 产量4 000kg左右。

(六)包装

按番茄的大小、果形、色泽、新鲜度等分成不同的规格进行包装,要清除烂果、过熟、灼伤、褪色斑、疤痕、雹伤、冻伤、皱缩、空腔、畸形果、裂果、病虫害及机械伤明显不合格的番茄。用于包装的番茄必须是同一品种,包装材料应是国家允许使用的材料,包装完毕后贴上标签。

二、秋季栽培技术

(一)品种选择

上海地区一般选用金棚 1 号、合作 908、浙粉 202、21 世纪粉红番茄等品种。

(二)播种时期

播种期一般在 7 月中旬,延后栽培的可推迟到 8 月上旬前。

(三)育苗

秋番茄也要采取保护地育苗,以减少病毒病的为害。播种方法与春季大棚栽培相同,先撒播于苗床上,再移栽到塑料营养钵中,或者采用穴盘育苗,将番茄种子直接播于 50 穴或 72 穴穴盘中。穴盘营养土可按体积比按肥沃菜园土 6 份、腐熟干厩肥 3 份、砻糠灰 1 份或蛭石 50%、草炭 50%配制。播种前浇透水,播后及时覆盖遮阳网,苗期正值高温多雨季节,幼苗易徒长,出苗后要控制浇水,应保持苗床见干见湿。遇高温干旱,应适量浇水抗旱保苗。秋季番茄苗龄不超过 25d。

(四)整地作畦

秋番茄的前茬大多是瓜果类蔬菜,土壤中可能遗留下各种有害病菌,而且因高温蒸发土壤盐分上升,这对种好秋番茄极为不利。所以,前茬出地后,应立即进行深翻、晒白,灌水淋洗,然后每 667m^2 施商品有机肥 500～1 000kg 和 45%硫酸钾 BB 肥 30kg，深翻整地，再做成宽1.4～1.5m(连沟)的深沟高畦。

(五)定植

8 月中旬至 9 月初选阴天或晴天傍晚进行，每畦种 2 行，株距 30cm，边栽植边浇水，以利成活。

(六)田间管理

定植后要及时浇水、松土、培土。成活后施提苗肥，每 667m^2 施尿素 10kg 左右。第一穗果坐果后，每 667m^2 施三元复合肥 15～20kg，追肥穴施或随水冲施。以后视植株生长情况再追肥 1～2 次，每 667m^2 每次施三元复合肥 10～15kg。

开花后用(25～30)×10^{-6} mg/kg 浓度的番茄灵防止高温落花、落果。坐果后注意水分的供给。

秋番茄不论早晚播种都以早封顶为好，留果 3～4 层，这样可减少无效果实的产生，提高单果重量。秋番茄后期的防寒保暖工作很重要，一般在 10 月底就要着手进行。在大棚栽培的，夜间要放下薄膜；在露地栽培的，要搭成简易的小环棚。早霜来临前，盖上塑料薄膜，一直沿用到 11 月底。作延后栽培的，进入 12 月后，要开始加强保暖措施。可在大棚内套中棚，并将番茄架拆除放在地上，再搭小环棚，上面覆盖薄膜和无纺布等防寒材料。如果措施得当，可延迟采收到 2 月中旬。其他田间管理与春季大棚栽培相同。

(七)采收

10 月中下旬可开始采收。采用大棚延后栽培的，可采收到翌年的 2 月份。露地栽培的秋番茄每 667m^2 产量为 1 000～2 000kg，大棚栽培的秋番茄每 667m^2 产量为 2 000～2 500kg。

第二节　茄　子

茄子原产于东南亚印度。在我国栽培历史悠久，分布很广，为夏、秋季的主要蔬菜,其品种资源极为丰富。据中国农业科学院蔬菜花卉研究所组织全国各省、市科技工作者调查统计,共搜集了 972 份有关茄子的材料,这为杂交制种提供了雄厚资源条件。20 世纪 70 年代以前,茄子的单产不高,而后一些科研单位配制选育了一批杂交组合,如南京的苏长茄、上海的紫条茄、湖南的湘早茄等。一些种子公司也开始生产和经营杂交茄子种子,从而大大提高了茄子的单位面积产量。

茄子的营养成分比较丰富。据分析,每 100g 可食部分含蛋白质 2.3g、脂肪 0.1g、碳水化合物 3g、钙 22mg、磷 31g、铁 0.3mg 等。

一、植物学特征

茄子根系再生能力差,木栓化较早,不容易产生不定根,移栽后缓苗慢。所以茄子在 2～3 片叶子时,就要带营养土移栽,进行根系保护。茄子的茎呈圆形,直立,较粗壮,紫色或绿色,因品种而异,株高 60～100cm,分枝多而有规则,基中带木质。单叶互生,呈卵圆或长圆形。花为自花授粉的完全花,单生。开花结果习性是:早熟品种一般在主茎6～8节着生第 1 朵花。中、晚熟品种要到 8～9 节,才着生第 1 朵花,花大,下垂,花瓣 5～8 片,紫色或白色,花药两室,为孔裂式开裂,花药的开裂与柱头的接受花粉期相同,所以茄子一般为自花授粉,而且以当天开花的花粉与柱头授粉所得的结果率最高。但也有些品种的柱头过长或过短,这些花粉不能落在同一花的雌蕊柱头上,所以这些花就容易杂交,如周围栽上其他品种,茄子的杂交率为 6%～7%,两个品种相隔 50m 远时,便很少有杂交的机会。茄子的果实为浆果,以采收嫩果食用。果实形状有:圆形、扁圆形、长条形与倒卵圆形等。果实颜色有:深紫、鲜紫、白与绿色。种子扁圆形,光滑具革质,黄色。种子生在海绵组织的胎座中,每一果实有种子 500～1 000 粒,种子千粒重 4～5g。发芽力能保持 3～5 年。

二、对环境条件的要求

茄子对温度、光照及土壤条件的要求，与番茄及辣椒相似。它喜温耐热，结果期间的适温为25～30℃。种子在30℃左右并有适当水分时6～8d即可发芽。幼苗期以日温25℃，夜温15～20℃为宜。开花结果期，如在17℃以下生长缓慢，高于35℃并加上干旱，则花器发育不良，尤其夜温高时，呼吸旺盛，果实生长缓慢，甚至成为僵果。

茄子对光照时间的长短反应不敏感。但光照强度对植株营养物质的积累影响很大。当光照强时，光合作用旺盛，植株生长健壮，果实品质优良；在弱光下，光合产物少，生长细弱，且妨碍受精，容易落花。

茄子枝叶繁茂，结果多，需水量大，但在不同生长时期对水分的要求不同，即生长前期需水较少，开花结果期需水量大。茄子对土壤空气条件要求较高，在梅雨季节要及时做好开沟排水工作，土壤湿度过大易引起烂根和发生病害。

茄子较耐肥，要求疏松肥沃、排水良好的土壤。要求土壤pH值为6～7.6。一般以氮、钾肥为主，其次是磷肥。磷肥宜在前期使用，可使果实提早成熟，在肥料充足的情况下，产量高、果色鲜艳、品质好。

三、栽培技术

1. 整地作畦施基肥

茄子根系较发达，吸肥能力强，如要获得高产，宜选择肥沃而保肥力强的黏壤土栽培，不能与辣椒、番茄、马铃薯等茄科作物连作，要与茄科蔬菜轮作3年以上。在茄子定植前15～20d，翻耕27～30cm深，做成1.3～1.7m宽的畦。武汉地区也有做3.3～4m宽的高畦，在畦上开横行栽植。

茄子是高产耐肥作物，多施肥料对增产有显著效果。苗期多施磷肥,可以提早结果。结果期间,需氮肥较多,充足的钾肥可以增加产量。一般每 667m^2 施猪粪或人粪尿 40～50 担(1 担＝50kg。全书同),垃圾肥 70～80 担,过磷酸钙 15～25kg,草木灰 50～100kg,在整地时与土壤混合,但也可以进行穴施。

2. 播种育苗

播种育苗的时间,要看各地气候、栽培目的与育苗设备来定。南昌地区一般在 11 月上中旬利用温床播种,用温床或冷床移植。如用工厂化育苗可在 2 月上中旬播种。播种前宜先浸种,否则发芽慢,且出苗不整齐。

茄子种子发芽的温度,一般要求在 25～30℃。经催芽的种子播下后 3～4d 就可出土。茄子苗生长比番茄、辣椒都慢,所以需要较高的温度。育茄子苗的温床,宜多垫些酿热物,晴天日温应保持 25～30℃,夜温不低于 10℃。

苗床增施磷肥,可以促进幼苗生长及根系发育。幼苗生长初期,需间苗 1～2 次,保持苗距 1～3cm,当苗长有 3～4 片真叶时移苗假植,此后施稀薄腐熟人粪尿 2～3 次,以培育壮苗。

3. 定植

茄子要求的温度比番茄、辣椒要高些,所以定植稍迟。南昌地区一般要到 4 月上中旬进行。为了使秧苗根系不受损伤。起苗前 3～4h 应将苗床浇透水,使根能多带土。定植要选在没有风的晴天下午进行。定植深度以表土与子叶节平齐为宜,栽后浇上定根水。

栽植的密度与产量有很大关系。早熟品种宜密些,中熟品种次之,晚熟品种的行株距可以适当大些。其次与施肥水平的关系也很大,即肥料多可以栽稀些;肥料少要密一点,这样能充分利用光能,提高产量。一般在 80～100cm 宽的小畦上栽两行。早熟品种的行株距为 50cm×40cm,中晚熟品种为(70～80)cm×(43～50)cm。

4. 田间管理

(1)追肥。茄子是一种高产的喜肥作物,它以嫩果供食用,结果时间长,采收次数多,故需要较多的氮肥、钾肥。如果磷肥施用过多,会促使种子发育,以致籽多,果易老化,品质降低,所以生长期的合理追肥是保证茄子丰产的重要措施之一。定植成活后,每隔4~5d结合浇水施1次稀薄腐熟人粪尿,催起苗架。当根茄结牢后,要重施1次人粪尿,每667m^{2}20~30担。这次肥料对植株生长和以后产量关系很大,以后每采收1次,或隔10d左右追施人粪尿或尿素1次。施肥时不要把肥料浇在叶片或果实上,否则会引起病害发生并影响光合作用的进行。

(2)排水与浇水。茄子既要水又怕涝,在雨季要注意清沟排水,发现田间积水,应立即排除,以防涝害及病害发生。

茄子叶面积大,蒸发水分多,不耐旱,所以需要较多的水分。如土壤中水分不足,则植株生长缓慢,落花多,结果少,已结的果亦果皮粗糙,品质差,宜保持80%的土壤湿度,干时灌溉能显著增产。灌溉方法有浇灌、沟灌两种。地势不平的以浇灌为主,土地平坦的可行沟灌。沟灌的水量以低于畦面10cm为宜,切忌漫灌,灌水时间以清晨或傍晚为好,灌后及时把水排除。

在山区水源不足,浇灌有困难的地方,为了保持土壤中有适当的水分,还可采取用稻草、树叶覆盖畦面的方法,以减少土表水分蒸发。

(3)中耕除草和培土。茄子的中耕除草和追肥是同时进行的。中耕除草后,让土壤晒白后要及时追施稀薄人粪尿。中耕还能提高土温,促进幼苗生长,减少养分消耗。中耕中期可以深些,5~7cm,后期宜浅些,约3cm。当植株长到30cm高时,中耕可结合培土,把沟中的土培到植株根际。对于植株高大的品种,要设立支柱,以防大风吹歪或折断。

(4)整枝,摘老叶。茄子的枝条生长及开花结果习性相当有规则,所以整枝工作不多。一般将靠近根部的过于繁密的3~4

个侧枝除去。这样可免枝叶过多,增强通风,使果实发育良好,不利于病虫繁殖生长。但在生长强健的植株上,可以在主干第1花序下的叶腋留1～2条分枝,以增加同化面积及结果数目。

茄子的摘叶比较普遍,南昌、南京、上海、杭州、武汉等地的菜农认为摘叶有防止落花、果实腐烂和促进结果的作用。尤其在密植的情况下,为了早熟丰产,摘除一部分老叶,使通风透光良好,并便于喷药治虫。

(5)防止落花。茄子落花的原因很多,主要是光照微弱、土壤干燥、营养不足、温度过低及花器构造上有缺陷。

防止落花的方法:据南昌市蔬菜所试验,在茄子开花时,喷射50mg/kg(即1ml溶液加水200g)的水溶性防落素效果很好。又据浙江大学农学院蔬菜教研室在杭州用藤茄做的试验说明,防止4月下旬的早期落花,可以用生长刺激剂处理,其方法是用30mg/kg的2,4-D点花。经处理后,防止了落花,并提早9d采收,增加了早期产量。

第三节　辣　椒

辣椒,又叫番椒、海椒、辣子、辣角、秦椒等,是辣椒属茄科一年生草本植物。果实通常成圆锥形或长圆形,未成熟时呈绿色,成熟时变成鲜红色、黄色或紫色,以红色最为常见。辣椒的果实因果皮含有辣椒素而有辣味,能增进食欲。辣椒中维生素C的含量在蔬菜中居第一位。

辣椒原产于中南美洲热带地区,是喜温的蔬菜。15世纪末,哥伦布发现美洲之后把辣椒带回欧洲,并由此传播到世界其他地方。于明代传入中国。清陈淏子之《花镜》有番椒的记载。今中国各地普遍栽培,成为一种大众化蔬菜,其产量高,生长期长,从夏到初霜来临之前都可采收,是我国北方地区夏、秋淡季的主要蔬菜之一。

一、生物学特性

(一)形态特征

辣椒的根系不发达。一般多分布在30cm土层内。根系再生能力弱,不耐涝也不耐旱,不耐高温或低温。辣椒茎木质部较发达而且坚硬,自然直立,分杈力弱,适于密植。单叶互生,有卵圆形的或长卵圆形。完全花,呈白色或紫色。花有单生和簇生两种,以单生较普遍。浆果。果皮是食用部分。果实有大果型,味较淡称为甜椒;有小果型的多为长椒,一般辣味较重。果实的形状有圆锥形、圆球形、弯曲形、扁圆形及羊角形。种子扁平略带圆形,淡黄色或乳白色。种子千粒重3.0～7.8g。发芽力一般可以保持2～3年。

(二)生育特点

辣椒生育初为发芽期,催芽播种后一般5～8d出土。15d左右出现第一片真叶,到花蕾显露为幼苗期。第一花穗到门椒坐果为开花期。坐果后到拔秧为结果期。

(三)对环境条件的要求

1. 温度

种子发芽适宜温度25～30℃,发芽需要5～7d,低于15℃或高于35℃时种子不发芽。辣椒适宜的温度在15～34℃。苗期要求温度较高,白天25～30℃,夜间15～18℃最好,幼苗不耐低温,要注意防寒。开花结果初期,白天温度20～25℃,夜间温度15～20℃;结果期间,温度过高易灼伤。辣椒如果在35℃时会造成落花落果。因此,栽植时采用双株定植可防止高温危害。

2. 光照

辣椒对光照长短的要求不严格,在较短日照(8～12h)下,辣椒开花较早结实多。

3. 水分

辣椒对条件水分要求严格,它既不耐旱也不耐涝。喜欢比较干爽的空气条件。辣椒被水淹数小时就会蔫萎死亡,所以地块选择要平整,浇水或排水的条件要方便。苗期不需过多的水分,在初花期和结果期水分要充足。

4. 土壤

辣椒对土壤要求不严格。在 pH 值为 6~6.6 时,一般沙土、黏土都可栽培,但其根系对氧气要求严格,宜在土层深厚肥沃,富含有机质和透气性良好的沙性土或两性土壤中种植。辣椒生育期要求充足的氮、磷、钾,但苗期氮和钾不宜过多,以免枝叶生长过旺,延迟花芽分化和结果。磷对花的形成和发育有重要作用,钾则是果实膨大的必需元素,生产中必须做到氮、磷、钾互相配合施用,在施足底肥的基础上,搞好追肥,以提高产量和品质。

二、栽培管理技术

(一)露地栽培

早春育苗,露地定植为主。

1. 种子处理

要培育长龄壮苗,必须选用粒大饱满、无病虫害,发芽率高的种子。育苗一般在春分至清明。将种子在阳光暴晒 2d,促进后熟,提高发芽率,杀死种子表面携带的病菌。用 300~400 倍液的高锰酸钾浸泡 20~30min,以杀死种子上携带的病菌。反复冲洗种子上的药液后,再用25~30℃的温水浸泡 8~12h。

2.育苗播种

苗床做好后要灌足底水。然后撒薄薄一层细土,将种子均匀撒到苗床上,再盖一层 0.5~1cm 厚的细土覆盖,最后覆盖小棚保湿增温。

3.苗床管理

播种后6～7d就可以出苗。70%小苗拱土后，要趁叶面没有水时向苗床撒细土0.5cm厚。以弥缝保墒，防止苗根倒露。苗床要有充分的水供应，但又不能使土壤过湿。辣椒苗高到5cm时就要给苗床通风炼苗，通风口要根据幼苗长势以及天气温度灵活掌握，在定植前10d可露天炼苗。幼苗长出3～4片真叶时进行移植。

4.定植

在整地之后进行。种植地块要选择在近几年没有种植茄果蔬菜和黄瓜、黄烟的春白地。刚刚收过越冬菠菜的地块也不好。定植前7d左右，每667m^2地施用土杂肥5 000kg，过磷酸钙75kg，碳酸氢铵30kg作基肥。定植的方法有两种：畦栽和垄栽。主要是垄作双行密植。即垄距85～90cm，垄高15～17cm，垄沟宽33～35cm。施入沟肥，撒均匀即可定植。株距25～26cm，呈双行，小行距26～30cm。错埯栽植，形成大垄双行密植的格局。

5.田间管理

苗期应蹲苗，进入结果期至盛果期，开始肥水齐攻。盛果期后旱浇涝排，保持适宜的土壤湿度。在定植15d后追磷肥10kg，尿素5kg，并结合中耕培土高10～13cm，以保护根系防止倒伏。进入盛果期后管理的重点是壮秧促果。要及时摘除门椒，防止果实坠落引起长势下衰。结合浇水施肥，每667m^2追施磷肥20kg，尿素5kg，并再次对根部培土。注意排水防涝。要结合喷施叶面肥和激素，以补充养分和预防病毒。

6.及时采收

果实充分长大，皮色转浓绿，果皮变硬而有光泽时是商品性成熟的标志。

(二)辣椒的春提前保护地栽培

1.育苗

选用早熟、丰产、株形紧凑、适于密植的品种是辣椒大棚栽培早熟的关键。可选用农乐、中椒2号、甜杂2号、津椒3号、早丰1号、早杂2号等。播种期一般在1月上旬至2月上旬。

2.定植

在4～5月。可畦栽也可垄栽,双行定植。选择晴天上午定植。由于棚内高温高湿,辣椒大棚栽培密度不能太大,过密会引起徒长,光长秧不结果或落花,也易发生病害,造成减产。为便于通风,最好采用宽窄行相间栽培,即宽行距66cm,窄行距33cm,株距30～33cm,每667m^2 4 000穴左右,每穴双株。

3.定植后的管理

定植时浇水不要太多,棚内白天温度25～28℃,夜间以保温为主。过4～5d后,浇1次缓苗水,连续中耕2次,即可蹲苗。开花坐果前土壤不干不浇水,待第一层果实开始收获时,要供给大量的肥水,辣椒喜肥、耐肥,所以追肥很重要。多追有机肥,增施磷钾肥,有利于丰产并能提高果实品质。盛果期再追肥灌水2～3次。在撤除棚膜前应灌1次大水。此外,还要及时培土,防倒伏。

4.保花保果及植株调整

为提高大棚辣椒坐果率,可用生长素处理,保花保果效果较好。2,4-D质量分数为15～20mg/kg。上午10:00以前抹花效果比较好。扣棚期间共处理4～5次。辣椒栽培不用搭架,也不需整枝打杈,但为防止倒伏对过于细弱的侧枝以及植株下部的老叶,可以疏剪,以节省养分,有利于通风透光。

第四节　茄果类蔬菜病虫害及防治技术

一、番茄晚疫病

番茄晚疫病是番茄的重要病害之一，阴雨的年份发病严重。该病除为害番茄外，还可为害马铃薯。

（一）症状

番茄晚疫病在番茄的整个生育期均可发生，幼苗、茎、叶和果实均可受害，以叶和青果受害最重。

（1）苗期。茎、叶上病斑黑褐色，常导致植株萎蔫、倒伏，潮湿时病部产生白霉。

（2）成株期。叶尖、叶缘发病较为多见，病斑水浸状呈不规则形，暗绿色或褐色，叶背病健交界处长出白霉，后整叶腐烂。茎秆的病斑条形，暗褐色。

（3）果实。青果发病居多，病果一般不变软；果实上病斑呈不规则形，边缘清晰，油浸状暗绿色或暗褐色至棕褐色，稍凹陷，空气潮湿时其上长少量白霉，随后果实迅速腐烂。

（二）防治方法

1.种植抗病品种

抗病品种有圆红、渝红 2 号、中蔬 4 号、中蔬 5 号、佳红、中杂 4 号等。

2.栽培管理

与非茄科作物实行 3 年以上轮作，合理密植，采用高畦种植，控制浇水，及时整枝打杈，摘除老叶，降低田间湿度。保护地应从苗期开始严格控制生态条件，尤其是防止高湿度条件出现。

3.药剂防治

发现中心病株后应及时拔除并销毁重病株,摘除轻病株的病叶、病枝、病果,对中心病株周围的植株进行喷药保护,重点是中下部的叶片和果实。

药剂有72.2%普力克水剂800倍液、58%甲霜灵锰锌可湿性粉剂500倍液、25%瑞毒霉可湿性粉剂800~1 000倍液、64%杀毒矾可湿性粉剂500倍液、50%百菌清可湿性粉剂400倍液。7~10d用药1次,连续用药4~5次。

二、番茄叶霉病

番茄叶霉病俗称"黑毛",是棚室番茄常见病害和重要病害之一。在我国大部分番茄种植区均有发生,造成严重减产。以保护地番茄上发生严重。该病仅发生在番茄上。

(一)症状

主要为害叶片,严重时也可为害果实。叶片发病,正面为黄绿色、边缘不清晰的斑点,叶背初为白色霉层,后霉层变为紫褐色;发病严重时霉层布满叶背,叶片卷曲、干枯。果实发病,在果面上形成黑色不规则斑块,硬化凹陷,但不常见。

(二)防治方法

1.采用抗病品种

如双抗2号、沈粉3号和佳红等,但要根据病菌生理小种的变化,及时更换品种。

2.选用无病种或种子处理

52℃温水浸种30min,晾干播种;2%武夷霉素150倍液浸种;或每千克种子2.5%适乐时悬浮种衣剂4~6ml拌种。

3.栽培管理

重病区与瓜类、豆类实行3年轮作;合理密植,及时整枝打杈，摘除病叶老叶，加强通风透光；施足有机肥，适当增施磷、钾肥，提高植株抗病力；雨季及时排水，保护地可采用双垄覆膜膜下灌水方式，降低空气湿度，抑制病害发生。

4.药剂防治

保护地还可用45%百菌清烟剂每667m²250g熏烟，或用5%百菌清、7%叶霉净或6.5%甲霉灵粉尘剂每667m²1kg，8～10d 1次，连续或交替轮换施用。

发病初期可用10%世高水分散颗粒剂1 500～2 000倍液、25%阿米西达1 500～2 000倍液、50%扑海因可湿性粉剂1 500倍液、47%加瑞农可湿性粉剂800倍液、2%武夷霉素150倍液、60%多防霉宝超微粉6 500倍液、75%百菌清可湿性粉剂600倍液、50%多硫胶悬剂700～800倍液喷雾，每隔7d喷1次，连喷续3次。

三、番茄病毒病

番茄病毒病全国各地都有发生，常见的有花叶病、条斑病和蕨叶病3种，以花叶病发生最为普遍。最近几年条纹病的为害日趋严重，植株发病后几乎没有产量。蕨叶病的发病率和为害介于两者之间。

(一)症状

1.花叶病

田间常见的症状有两种：一种是轻花叶，植株不矮化，叶片不变小、不变形，对产量影响不大；另一种为花叶，新叶变小，叶脉变紫，叶细长狭窄，扭曲畸形，顶叶生长停滞，植株矮小，下部多卷叶，大量落花落蕾，果小质劣，呈花脸状，对产量影响较大。

2.条斑病

植株茎秆上中部初生暗绿色下陷的短条纹，后油浸状深褐色坏死，严重时导致病株萎黄枯死；果面散布不规则形褐色下陷的油浸状坏死斑，病果品质恶劣，不堪食用。叶背叶脉上有时也可见与茎上相似的坏死条斑。

3.蕨叶病

多发生在植株细嫩部分。叶片十分狭小，叶肉组织退化，甚至不长叶肉，仅存主脉，似蕨类植物叶片，故称蕨叶病；叶背叶脉呈淡紫色，叶肉薄而色淡，有轻微花叶；节间短缩，呈丛枝状。植株下部叶片上卷，病株有不同程度矮缩。

(二)防治方法

采用以农业为主的综合防病措施，提高植株抗病力。另外，番茄病毒病的毒源种类在一年中会出现周期性的变化，春夏季以烟草花叶病毒为主，秋季则以黄瓜花叶病毒为主。生产上防治时应针对毒源采取相应的措施，才能收到较好的效果。

1.选用抗病品种

可选用中蔬 4 号、5 号、6 号，中杂 4 号，佳红，佳粉 10 号等抗耐病品种。

2.种子处理

种子在播前先用清水预浸 3～4h，再放入 10%磷酸三钠溶液中浸泡 20～30min，洗净催芽。或用高锰酸钾 1 000 倍液浸种 30min。

3.栽培防病

收获后彻底清除残根落叶，适当施石灰使烟草花叶病毒钝化；实行 2 年轮作；适时播种，适度蹲苗，促进根系发育，提高幼苗抗病力；移苗、整枝、醮花等农事操作时皆应遵循先处理健株，后处理病株的原则。操作前和接触病株后都要用 10%磷酸三钠溶液消毒刀剪等工具，以防接触传染。

晚打杈，早采收。晚打杈促进根系发育，同时可减少接触传染；果实挂红时即应采收，以减缓营养需求矛盾，增强植株耐病性。

增施磷钾肥，定植时根围施“5406”菌肥，缓苗时喷洒万分之一增产灵，促使植株健壮生长，提高抗病力；坐果期避免缺水、缺肥；自苗期至定植后和第一层果实膨大期防治蚜虫可减轻蕨叶病的发生。

4.施用钝化剂及诱导剂

用10%混合脂肪酸(83增抗剂)50～100倍液，在苗期、移栽前2～3d和定植后2周共3次施用，可诱导植株产生对烟草花叶病毒的抗性。在番茄分苗、定植、绑蔓、整枝、打杈时喷洒1∶(10～20)的黄豆粉或皂角粉水溶液，可防止操作时接触传染。

5.施用弱毒疫苗以及病毒卫星

番茄花叶病毒的弱毒疫苗N_{14}在烟草及番茄上均不表现可见症状，还可刺激生长，促进早熟；CMV的卫星病毒S_{52}可干扰病毒的增殖而起到防病作用。两者可以单独使用，也可混合使用。

方法：用N_{14}或S_{52}的50～100倍液，在移苗时浸根30min；或于2叶1心时涂抹叶面；或加入少量金刚砂后，用2～3kg/m^2的压力喷枪喷雾接种。也可混合后使用，混合接种后10d左右会表现轻微花叶，之后逐渐恢复正常。

6.药剂防治

发病初期可用20%病毒A可湿性粉剂500倍液、1.5%植病灵乳剂1 000倍液、抗毒剂1号200～300倍液、高锰酸钾1 000倍液，再配合喷施增产灵50～100pg/L及1%过磷酸钙或1%硝酸钾作根外追肥，有较好的防效。

四、番茄早疫病

番茄早疫病又叫番茄轮纹病、番茄夏疫病。寄主是番茄、茄子、辣椒、马铃薯等,是为害番茄的主要病害。常引起落叶、落果和断枝,因病减产30%以上,尤其在大棚、温室中发病严重。全国各地均有发生。

(一)症状

苗期、成株期均可染病,主要侵害叶、茎、花、果。叶片初呈针尖大的小黑点,后发展为不断扩展的轮纹斑,边缘多具浅绿色或黄色晕环,中部现同心轮纹,且轮纹表面生毛刺状不平坦物,别于圆纹病。茎部染病,多在分枝处产生褐色至深褐色不规则圆形或椭圆形病斑,凹或不凹,表面生灰黑色霉状物,即分生孢子梗和分生孢子。叶柄受害,生椭圆形轮纹斑,深褐色或黑色,一般不将茎包住。青果染病,始于花萼附近,初为椭圆形或不定形褐色或黑色斑,凹陷,直径10~20mm,后期果实开裂,病部较硬,密生黑色霉层。

(二)防治方法

1. 农业防治

(1)耐病品种。如茄抗5号、毛粉802、烟粉1号等。此外,番茄抗早疫病品系NC EBR1和NC EBR2可用于抗病亲本,选育抗病品种。

(2)大面积轮作。应与大田作物或非茄科作物实行3年以上轮作。

(3)保护地。番茄重点抓生态防治。由于早春定植时昼夜温差大,白天20~25℃,夜间12~15℃,相对湿度高达80%以上,易结露,利于此病的发生和蔓延。应重点调整好棚内温湿度,尤其是定植初期,闷棚时间不宜过长,防止棚内湿度过大、温度过高,做到水、火、风有机配合,减缓该病发生、蔓延。

(4)合理密植。每667m^{2}定植4 000株为宜,前期产量虽低,但中期产量高,小果少,发病轻。

2. 化学防治

(1)采用粉尘法于发病初期喷撒5%百菌清粉尘剂，每667m^{2}1kg，隔9d喷1次，连续防治3～4次。

(2)发病前开始喷洒80%喷克可湿性粉剂600倍液或50%扑海因可湿性粉剂1 000倍液、75%百菌清可湿性粉剂600倍液、58%甲霜灵锰锌可湿性粉剂500倍液、64%杀毒矾可湿性剂500倍液、40%大富丹可湿性粉剂400倍液、50%得益可湿性粉剂600倍液。上述保护剂对早疫病防效高低的关键在于用药的迟早。凡掌握在发病前看不见病斑即开始喷药预防的，防效70%以上；发病后用药虽有一定抑制作用，但不理想。因此，强调在发病前开始防治，压低前期菌源，把病情控制在经济危害指标以下。

(3)番茄茎部发病除喷淋上述杀菌剂外，也可把50%扑海因可湿性粉剂配成180～200倍液，涂抹病部，必要时还可配成油剂，效果更好，防效可达86.4%。

五、番茄斑枯病

番茄斑枯病又名番茄鱼目斑病、番茄斑点病、番茄白星病。寄主为番茄、茄子、马铃薯，以及茄科蔬菜、杂草。番茄叶部常见病害。各生育期都能发生，结果期间严重发病时会造成早期落叶，对产量影响很大。目前，该病有继续蔓延的趋势，影响产量和降低品质。全国各地均有发生。

(一)症状

全生长期均可发病，侵害叶片、叶柄、茎、花萼及果实。叶片上开始于叶背生水渍状小圆斑，以后叶正背两面均出现许多边缘暗褐色、中央灰白色圆形或近圆形略凹陷的小斑点，斑点表面散生小黑点，继而小斑连成大的枯斑，有时穿孔，严重时中下部叶片干枯，仅剩顶部少量健叶。茎、果上的病斑近圆形或椭圆形,褐色,略凹陷,斑点上散生小黑点。

诊断番茄斑枯病应抓住其主要特点:病斑小,呈鱼眼状,其上散生许多黑色小斑点。其不同于番茄斑点病,斑点病的主要特征是:坏死斑呈灰黄色或黄褐色,上有轮纹或边缘有黄色晕圈,潮湿时生有暗灰色霉层。它也不同于细菌性斑疹病,细菌性斑疹病发病特点是:潮湿冷凉、低温多雨及喷灌后有利于发病,病斑深褐色至黑褐色,有晕圈,叶缘和未成熟果实染病明显。

(二)防治方法

1. 农业防治

(1)使用无病种子。一般种子可用52℃温水浸种30min消毒处理。

(2)无病土育苗,育壮苗。

(3)重病地与非茄科蔬菜进行3年轮作,并及早彻底清除田间杂草。

(4)高畦覆地膜栽培,密度适宜,加强肥、水管理。合理留果,适时采收。

(5)及时摘除初发病株病叶,深埋或烧毁。收获后清洁田园,深翻土壤。

2. 化学防治

发病初期及时进行药剂防治,可用10%世高水溶性颗粒剂1 000～1 500倍液(每667m^2用药量80～150g)、70%代森锰锌可湿性粉剂600倍液(每667m^2用药量165g)、75%百菌清可湿性粉剂600倍液(每667m^2用药量165g)、50%托布津可湿性粉剂1 000倍液(每667m^2用药量100g)、50%多菌灵可湿性粉剂800～1 000倍液(每667m^2用药量100～125g)、64%杀毒矾可湿性粉剂1 000倍液(每667m^2用药量100g),或47%加瑞农600倍液,或50%混杀硫500倍液,或40%灭病威500倍液,或80%喷克500倍液,或58%甲霜灵锰锌可湿性粉剂500倍液,或40%多硫悬浮剂500倍液。

六、番茄青枯病

番茄青枯病又名番茄细菌性枯萎病。寄主为番茄、辣椒、茄子、马铃薯、烟草、芝麻、花生等。高温多湿季节的重要病害，发病突然。温棚栽培主要为害秋后或秋冬茬栽培番茄。青枯病发病急，蔓延快，发生严重时会造成植株成片死亡，使番茄严重减产，甚至绝收。热带、亚热带地区均有发生。

近年来，随着农业种植业结构的调整，蔬菜种植面积扩大，复种指数连年提高，番茄青枯病的发生与为害呈逐年加重的趋势。据调查，轻病田减产10%，重病田减产50%以上，因此，应高度重视，及时防治。

（一）症状

青枯病在番茄苗期就有侵染，但不发生症状。一般在开花期前后开始发病，发病时，多从番茄植株顶端叶片开始表现病状，发病初期叶片色泽变淡，呈萎蔫状，中午前后更为明显，傍晚后即可逐渐恢复，日出后气温升高，病株又开始萎蔫，反复多日后，萎蔫症状加剧，最后整株呈青枯状枯死，茎叶仍保持绿叶，叶很少黄化，部分叶片可脱落，下部病茎皮粗糙，常发生不定根。斜剖病茎可见维管束变褐，稍加挤压有白色黏液渗出。在发病植株上取病茎一段，放在室内一个晚上可见菌脓从伤口流出；或放在装有清水的透明玻璃中，有菌浓从茎中流出，经过一段时间后可见清水变乳白色浑浊状。

（二）防治方法

1.农业防治

（1）轮作。番茄与禾本科、十字花科、百合科以及瓜类作物进行2～3年以上轮作，与水稻等作物进行水旱轮作效果最为理想。不能与茄子、辣椒、马铃薯、花生以及豆科作物在同一块地上连作。

(2)施用生石灰,调整 pH 值。每 667m^2 大田用 150～200kg 生石灰进行撒施,使土壤呈酸性,恶化病菌生存环境。

(3)加强田间管理。推广高畦种植,开好三沟,做到厢沟、中沟和围沟相通,排灌方便,多施腐熟有机肥,做到氮、磷、钾配合施用,提高植株抗病能力。

2.化学防治

(1)消灭地下害虫及线虫。在地下害虫为害猖獗和番茄根结线虫发生严重的地块,要消灭地下害虫和线虫,减少害虫及线虫对根部的伤害,避免病菌侵染。每 667m^2 施 3%辛硫磷颗粒剂 2kg 于土壤中,即可防治;或在植株移栽后用阿维菌素溶液进行淋蔸。

(2)石灰氮土消毒法。石灰氮化学名氰氨化钙,商品名圣泰土壤净化剂、龙宝,俗名黑肥。石灰氮是药肥两用的土壤杀菌剂,石灰氮本身是碱性,可调节土壤 pH 值,施入土壤中遇水产生的氰胺、双氰胺是很好的杀菌剂;同时,石灰氮又是缓释氮肥,含氮 20%左右,含钙 42%～50%,施入土壤后,由于钙元素的增加,改善了土壤的团粒结构。石灰氮施入土壤后可有效地杀灭土壤中真菌性病害、细菌性病害、根结线虫病及其他土中害虫,同时可缓解土壤板结、酸化,效果十分显著。施用方法:7～8 月,在高温条件下,在水稻收获后,先将大田翻犁并将泥土打碎、起沟,每 667m^2 用 65kg 左右石灰氮与下茬作物需用的有机肥一起施入沟内,然后将沟两边耕作层泥土回填盖在沟上并使之成垄,然后用地膜覆盖并封严,最后灌水使土壤湿润,闷 15～20d、揭膜晾5～7d 后,可直接栽植下茬作物,不需要再施其他肥料。

(3)药剂灌根。

方法一:每 667m^2 用青枯溃疡灵 2 包、敌克松 5 包、农用链霉素 30 包,多菌灵 2 包、盐 6 包,对水 1 000～1 200kg 进行灌施,每7～10d 1 次,连灌 2～3 次,效果较好。

方法二:77%可杀得 101 微粉粒 600 倍液或抗菌剂“401”500 倍液灌蔸、或 1∶1∶200 倍波尔多液灌蔸;或用 72%农用链霉素可溶性粉剂2 500倍液和 30%氧氯化铜 800 倍液灌根;或用特效杀菌王 2 000 倍液、敌克松 400 倍液、青枯散 600 倍液灌根。

第五章　豆类蔬菜栽培

第一节　菜　豆

菜豆,又称四季豆、芸豆、茬豆、春分豆,豆科菜豆属一年生蔬菜,起源于美洲中部和南部,于16世纪传入我国,全国各地普遍栽培。菜豆主要以嫩荚为食,其营养价值高、肉质脆嫩、味道鲜美,深受消费者的喜爱。

一、生物学特性

(一)形态特征

根系主根发达,深达80cm以上,侧根分布直径60～70cm,多分布在15～30cm耕层中,根上生长根瘤,有固氮作用。易老化,再生能力弱。茎较细弱,缠绕生长,分杈力强。初生真叶为单叶,对生;以后为三出复叶,互生。总状花序,花梗发生于叶腋或茎的顶端,花梗上有花2～10朵。蝶形花,花色有白、黄、红、紫等多种。果实荚果,扁条形。嫩荚绿、淡绿、紫红或紫红花斑等,多为绿、淡绿色。成熟时黄白至黄褐色。种子为肾形,种皮颜色有白、红、黄、褐等。寿命2～3年。

(二)对环境要求

菜豆为喜温性蔬菜,要求较强的光照,不耐霜冻,生长适温18～20℃,开花结荚最适温度为18～25℃,0℃即受冻害,10℃以下生长不良,超过32℃花粉发芽力减弱,易引起大量落花落荚。花芽分化适温为 20～25℃，高于 27℃或低于 15℃易出现不完全花，9℃以下花芽不能分化。土壤适宜在土层深厚、有机质丰富、疏松透气的壤土或沙壤土，土壤 pH 值的适宜范围 5.3～7.6，以 pH 值为 6.4 最适宜。菜豆生育过程中吸收钾肥和氮肥较多，其次为磷肥和钙肥。微量元素硼和钼对菜豆生育和根瘤菌活动有良好的作用。不宜施含氯肥料。

二、栽培季节

日光温室栽培多采用秋冬茬和冬春茬。秋冬茬 8 月中旬前后开始播种，寒冬来临时采收，拉秧后定植早春茬果菜。冬春茬在 10 月下旬育苗，元月至春节前后采收。

三、日光温室早春茬菜豆栽培技术

（一）品种选择

选用熟期适宜、丰产性好、生长势强、优质、综合抗性好的品种，如 2504 架豆、绿龙菜豆、烟芸 3 号、双丰 1 号、泰国架豆王等。

（二）种子处理

选择籽粒饱满、有光泽的新种子，剔去有病斑、虫伤、霉烂、机械混杂或已发芽种。选晴天中午暴晒种子 2～3d，进行日光消毒和促进种子后熟，提高发芽势，使发芽整齐。

（三）培育壮苗

春茬菜豆的适宜苗龄为 25～30d，需在温室内育苗。用充分腐熟的大田土作为营养土（土中忌掺农家肥和化肥，否则易烂种）。播种前先将菜豆种子晾晒 2d，用福尔马林 300 倍液浸种 4h 用清水冲洗干净。然后将种子播于 7cm×7cm 的营养钵中，每钵播 3 粒，覆土 2cm，最后盖膜增温保湿。出苗前不通风，白天气温保持 18～25℃，夜间在 13～15℃；出苗后，日温降至15～

20℃,夜温降至10～15℃。第1片真叶展开后应提高温度,日温20～25℃,夜温15～18℃,以促进根、叶生长和花芽分化。定植前4～6d逐渐降温炼苗,日温15～20℃,夜温10℃左右。菜豆幼苗较耐旱,在底水充足的前提下,定植前一般不再浇水。苗期尽可能改善光照条件,防止光照不足引起徒长。幼苗3～4片叶时即可定植。

(四)整地定植

选择土层深厚、排水通气良好的沙壤土地块栽培。定植前结合精细整地施入充分腐熟的有机肥每667m^{2}4 000～5 000kg、三元复合肥或磷酸二铵每667m^{2}30～40kg做基肥。

定植一般在3月中旬前后,苗龄30d左右,采用高垄地膜覆盖法,垄高20～23cm,大行距60～70cm,小行距45～50cm,穴距28～30cm,每穴双株,栽4 000～6 000株/亩。

(五)定植后的管理

定植后闭棚升温,日温保持在25～30℃,夜温保持在20～25℃。缓苗后,日温降至20～25℃,夜温保持在15℃。前期注意保温,3月后外界温度升高,注意通风降温。进入开花期。日温保持在22～25℃,有利于坐荚。当棚外最低温度达23℃以上时昼夜通风。

菜豆苗期根瘤固氮能力差,管理上应施肥养蔓,及时搭架引蔓,防止相互缠绕,可在缓苗后追施尿素每667m^{2}15kg,以利根系生长和叶面积扩大。开花结荚前,要适当蹲苗控制浇水,一般"浇荚不浇花",否则易引起落花落荚。当第1花序嫩荚坐住长到半大时,结合浇第1次水冲施三元复合肥每667m^{2}10～15kg,以后每采收1次追肥1次,浇水后注意通风排湿。

结荚后期,及时剪除老蔓和病叶,以改善通风透光条件,促进侧枝再生和潜伏芽开花结荚。

(六)采收

菜豆开花后10～15d,可达到食用成熟度。采收标准为豆荚由细变粗，荚大而嫩，豆粒略显。结荚盛期，每 2～3d 可采收 1 次。用拧摘法或剪摘法及时采收，采收时要注意保护花序和幼荚采大留小，采收过迟，容易引起植株早衰。

第二节　豇　豆

豇豆又名豆角、长豆角、带豆等，原产非洲热带草原地区，是夏秋淡季的主要蔬菜之一。

一、生物学特性

（一）主要形态特征

1. 根

为深根性蔬菜，主根入土可达 80～100cm，侧根不发达，根群较其他豆类小，吸收根群主要分布在 15～18cm 耕作层内。

2. 茎

茎有蔓生、半蔓生和矮生 3 种，蔓生种的分枝能力较强。

3. 花

主蔓在早熟种 3～5 节、晚熟种 7～9 节、侧蔓 1～2 节抽生花序。总状花序，每花序着生 2～4 对花，花瓣呈黄色或淡紫色。自花授粉。

4. 果实及种子

果实为细长荚果，近圆筒形，为主要食用部分。

（二）生长发育周期

豇豆的生长发育过程与菜豆的基本相似。生育期的长短，因品种、栽培地区和季节不同差异较大，蔓生品种一般 120～150d，矮生品种90～100d。

(三)对环境条件的要求

1. 温度

耐热,不耐霜冻。种子发芽适温为25～30℃,种子出土后幼苗生长适温30～35℃,抽蔓后生长发育适温20～25℃,高于35℃仍正常开花结荚。10℃以下的低温,生长受抑制,5℃以下低温植株受害。

2. 光照

喜光性强,但也能耐阴。短日照蔬菜,但大部分品种要求不严。

3. 水分

耐土壤干旱的能力比耐空气干旱的能力强。降水过多、积水和干旱均会引起落花落荚,干旱还会引起品质下降、植株早衰、产量降低。

4. 土壤营养

对土壤的适应性广,稍能耐碱,但最适宜疏松、排水良好、pH值6.2～7的土壤。根瘤菌不如其他豆类发达,需一定的氮肥。

二、栽培季节与茬口安排

豇豆主要作露地栽培,设施栽培极少。华北和东北多数地区一年栽培一茬,4月中下旬至6月中下旬播种,7～10月采收。华南地区常在生长期内分期播种,以延长供应期,如广州等地从2～8月均可播种,5～11月陆续采收,供应期长达半年以上。

豇豆忌连作,应实行2年以上轮作。

三、栽培技术

1. 整地播种

结合整地，每 667m² 施入充分腐熟的有机肥 4m³ 左右。然后做成宽 1.3m 的低畦或 65～75cm 的垄畦。

2. 播种

春季宜在地温 10～12℃以上时播种。直播，一般行距 60～75cm、株距 25～30cm，每穴播 3～4 粒。播种深度约 3cm。每 667m² 用种3～4kg。

3. 育苗与定植

豇豆育苗移栽可提早采收，增加产量。为保护根系，用直径约 8cm 的纸筒或营养钵育苗，每钵播 3～4 粒，播后覆塑料小拱棚，出土后至移植前，保持 20～25℃，床内保持湿润而不过湿。苗龄 15～20d，2～3 片复叶时定植。行距 60～80cm，株距 25～30cm，每穴 2～3 株，夏秋可留3～4 株。矮生种可比蔓生种较密些。

4. 搭架摘心

当植株生长有 5～6 片叶时搭"人"字形架引蔓上架。第一花序以下的侧枝彻底去除。生长中后期，对中上部侧枝留 2～3 片叶摘心。主蔓 2m 以后及时摘心打顶，以使结荚集中，促进下部侧花芽形成。

摘心、引蔓宜在晴天中午或下午进行，便于伤口愈合和避免折断。

5. 肥水管理

开花结荚前，控制肥水，防徒长。当第一花序开花坐果，其后几节花序显现时，浇足头水。中下部豆荚伸长，中上部花序出现后，浇二水。以后保持地面湿润。

追肥结合浇水进行,隔一水一肥。7月中下旬出现伏歇现象时适当增加肥水,促侧枝萌发,形成侧花芽,并使原花序上的副花芽开花结荚。

6. 采收

开花后15~20d,豆荚饱满,种子刚显露时采收。第一个荚果宜早采。采收时,按住豆荚基部,轻轻向左右转动,然后摘下,避免碰伤其他花序。

第三节　豆类蔬菜病虫害及防治技术

一、豆科蔬菜锈病

豆科蔬菜锈病是豆科蔬菜的重要病害之一,在我国各地均有发生,对产量影响较大。

(一)症状

主要为害叶片(正反两面),也可为害豆荚、茎、叶柄等部位。最初叶片上出现黄绿色小斑点,后发病部位变为棕褐色、直径1mm左右的粉状小点,为锈菌的夏孢子堆。其外围常有黄晕,夏孢子堆1至数个不等。

发病后期或寄主衰老时长出黑褐色的粉状小点,为锈菌的冬孢子堆。有时可见叶片的正面及荚上产生黄色小粒点,为病菌的性孢子器;叶背或荚周围形成黄白色的绒状物,为病菌的锈孢子器。但一般不常发生。

(二)防治方法

1.选育抗病品种

品种抗病性差别大,在菜豆蔓生种中细花种比较抗病,而大花、中花品种则易感病。可选择适合当地栽培的品种。

2.加强管理

及时清除病残体并销毁，采用配方施肥技术，适当密植。

3.药剂防治

发病初期及时喷药防治。药剂有：15%粉锈宁可湿性粉剂1 000～1 500倍液、50%萎锈灵可湿性粉剂1 000倍液、25%代敌力脱乳油3 000倍液、12.5%速保利可湿性粉剂4 000～5 000倍液、80%代森锌可湿性粉剂500倍液、70%代森锰锌可湿性粉剂1 000倍液+15%粉锈宁可湿性粉剂2 000倍液等均有效。15d喷药1次，共喷药1～2次即可。

二、菜豆炭疽病

（一）症状

菜豆整个生育期皆可发生炭疽病，且对叶片、茎、荚果及种子皆可为害。幼苗染病，多在子叶上出现红褐色至黑褐色圆形或半圆形病斑，呈溃疡状凹陷；或在幼苗茎部出现锈色条状病斑，稍凹陷或龟裂，绕茎扩展后幼苗易折腰倒伏，终致枯死。成株叶片病斑近圆形，如病斑在叶脉处，沿叶脉扩展时成多角形条斑，初红褐色，后转黑褐色，终呈灰褐色至灰白色枯斑，病斑易破裂或穿孔。叶柄和茎上病斑暗褐色短条状至长圆形，中部凹陷或龟裂。豆荚染病，初呈褐色小点，后扩大呈近圆形斑。稍凹陷，边缘隆起并出现红褐色晕圈，病斑向荚内纵深扩展，致种子染病，呈现暗褐色不定形斑。潮湿时上述各病部表面出现朱红色黏质小点病征（病菌分孢盘和分生孢子）。

（二）防治方法

（1）因地制宜地选育和选用抗病高产良种。

（2）选用无病种子，播前种子消毒。①可用种子重量0.3%的50%多菌灵可湿粉、40%三唑酮多菌灵可湿粉、50%福美双可湿粉拌种，或用种子重量0.2%的50%四氯苯醌可湿粉拌种。

②药液浸种。用福尔马林200倍液浸种30min,水洗后催芽播种;或40%多硫悬浮剂600倍液浸种30min。

(3)抓好以肥水为中心的栽培防病措施。①整治排灌系统,低湿地要高畦深沟,降低地下水位,适度浇水,防大水漫灌,雨后做好清沟排渍。②施足底肥,增施磷钾肥,适时喷施叶面肥,避免偏施氮肥。注意田间卫生,温棚注意通风,排湿降温。

(4)及早喷药控病。于抽蔓或开花结荚初期发病前喷药预防,最迟于见病时喷药控病,以保果为重点。可选喷70%托布津+75%百菌清(1∶1)100～1 500倍液,或30%氧氯化铜+65%代森锰锌(1∶1,即混即喷),或80%炭疽福美可湿粉500倍液,或农抗120水剂200倍液,或50%施保功可湿粉1 000倍液,2～3次或更多,隔7～15d 1次,前密后疏,交替喷施,喷匀喷足。温棚可使用45%百菌清烟剂(4 500g/hm^2·次)。

三、菜豆枯萎病

(一)症状

一般花期开始发病,病害由茎基迅速向上发展,引起茎一侧或全茎变为暗褐色,凹陷,茎维管束变色。病叶叶脉变褐,叶肉发黄,继而全叶干枯或脱落。病株根变色,侧根少。植株结荚显著减少,豆荚背部及腹缝合线变黄褐色,全株渐枯死。急性发病时,病害由茎基向上急剧发展,引起整株青枯。

(二)防治方法

(1)选用抗病品种。

(2)种子消毒。用种子重量0.5%的50%多菌灵可湿性粉剂拌种。

(3)与白菜类、葱蒜类实行3～4年轮作,不与豇豆等连作。

(4)高垄栽培,注意排水。

(5)药剂防治。发病初期开始药剂灌根,选用的药剂有

96%“天达恶霉灵”粉剂 3 000 倍液+“天达-2116”1 000 倍液、75%百菌清(达科宁)可湿性粉剂 600 倍液、50%施保功可湿性粉剂 500 倍液、43%好力克悬浮剂 3 000 倍液、70%甲基托布津可湿性粉剂 500 倍液、20%甲基立枯磷乳油 200 倍液、60%百泰可分散粒剂 1 500 倍液、10%苯醚甲环唑可分散粒剂 1 500 倍液、50%多菌灵可湿性粉剂 500 倍液、10%双效灵水剂 250 倍液等,每株灌 250ml,每 10d 1 次,连续灌根 2～3 次。

(6)及时清理病残株,带出田外,集中烧毁或深埋。

四、菜豆细菌性疫病

又名菜豆叶烧病、菜豆火烧病。寄主菜豆、豇豆、扁豆、小豆、绿豆等多种植物。菜豆常见病。发生普遍,为害较重,轻者可减产 10%左右,重者减产幅度可达到 20%以上。全国各地均有发生。

(一)症状

主要为害幼苗、叶片、茎蔓、豆荚和种子。

幼苗:发病子叶红褐色溃疡状,叶柄基部出现水浸状病斑,发展后为红褐色,绕茎一周后幼苗即折断、干枯。

叶片:多从叶尖或叶缘开始,初呈暗绿色油渍状小斑点,后扩大为不规则形,病部干枯变褐,半透明,周围有黄色晕圈。病部常溢出淡黄色菌脓,干后呈白色或黄白色菌膜。重者叶上病斑很多,常引起全叶枯凋,但暂不脱落,经风吹雨打后,病叶碎裂。高温高湿环境下,部分病叶迅速萎凋变黑。

茎蔓:茎蔓受害,茎上病斑呈红褐色溃疡状条斑,中央稍凹陷,当病斑围茎蔓一周时,其上部茎叶萎蔫枯死。

豆荚:豆荚上的病斑呈圆形或不规则形,红褐色,后为褐色,病斑中央稍凹陷,常有淡黄色菌脓,病重时全荚皱缩。

种子:种子发病时表面上出现黄色或黑色凹陷小斑点,种脐部常有淡黄色菌脓溢出。

(二)防治方法

1. 农业防治

(1)与非豆科蔬菜实行2～3年的轮作。

(2)选用抗病品种,蔓生种较矮生种抗病。从无病田留种。

(3)及时除草,合理施肥和浇水。拉秧后应清除病残体,集中深埋或烧毁。

2. 物理防治

播种前种子用45℃恒温水浸种10min。

3. 药剂防治

(1)播种前种子用高锰酸钾1 000倍液浸种10～15min,或用硫酸链霉素500倍液浸种24h。

(2)开沟播种时,用高锰酸钾1 000倍溶液浇到沟中,待药液渗下后播。

(3)发病初期喷14%络氨铜水剂300倍液,或77%氢氧化铜可湿性粉剂500倍液,或50%琥胶肥酸铜可湿性粉剂500倍液,或72%农用硫酸链霉素可溶粉剂3 000～4 000倍液,或新植霉素4 000倍液。每隔7～10d喷1次,连续2～3次。

五、豇豆煤霉病

豇豆煤霉病又称为叶霉病,各地均有发生,是豇豆的常见病和重要病害,染病后叶片干枯脱落,对产量影响较大。除豇豆外,还可为害菜豆、蚕豆、豌豆和大豆等豆科作物。

(一)症状

主要为害叶片,在叶两面出现直径1～2cm多角形的褐色病斑,病、健交界不明显,病斑表面密生灰黑色霉层,尤以叶背最多。严重时,病斑相互连片,引起叶片早落,仅留顶端嫩叶。

（二）防治方法

采取加强栽培管理为主、药剂防治为辅的防治措施。

（1）加强栽培管理。收获后清除病残体，实行轮作，施足腐熟有机肥，配方施肥；合理密植，保护地要及时通风，以增强田间通风透光性，防止湿度过大。发病初期及时摘除病叶，减轻后期发病。

（2）药剂防治。发病初期喷施 25％多菌灵可湿性粉剂 400 倍液、70％甲基托布津可湿性粉剂 800 倍液、77％可杀得微粒粉剂 500 倍液、40％多硫悬浮剂 800 倍液、50％混杀硫悬浮剂 500 倍液或 14％络氨铜水剂 300 倍液，隔 10d 1 次，连续用药 2～3 次。

第六章　白菜类蔬菜栽培

第一节　大白菜

大白菜即结球白菜,又叫黄芽白。叶球柔嫩多汁,是全国产销量最大的蔬菜之一。据有关资料介绍,我国共有大白菜品种1 247个,为世界上拥有大白菜品种的大国。在长江以北地区,大白菜的种植面积占秋播蔬菜面积的30%~50%,供应期长达5~6个月。近年来南方各地也普遍栽培大白菜,而且除传统的秋播之外,城市蔬菜基地还在逐年发展反季节的春播、夏播大白菜,使原来基本没有大白菜供应的5~9月,也有时鲜的大白菜应市,并取得了较高的经济效益和社会效益。

大白菜营养丰富,据分析,每100g可食部分含碳水化合物3g、蛋白质1.4g、脂肪0.1g、无机盐0.7g、钙33mg、磷42mg、铁0.4mg、维生素C 24mg、维生素A 0.1mg。大白菜的品质柔嫩,可煮食、炒食、生食,还可腌制酸菜。

一、生物学特征

大白菜是十字花科芸薹属芸薹种,能形成叶球的亚种为一二年生蔬菜。大白菜的根系发达,胚根形成肥大的肉质直根,长可达0.7m,侧根分枝很多,主要分布在地表。营养生长期茎短缩,主要同化器官的莲座叶,有15~24片,叶片宽大皱褶,有的品种叶片着生较直立,有的较开张。产品器官叶球,由30~60

片球叶向内抱含而成。叶球为白色或白绿色，叶球有卵圆形、平头形、直筒形三种类型。大白菜的花为无限生长的总状花序，花序长度因品种而异，花整齐，为完全花。花萼 4 枚，花瓣 4 枚，交叉对生成十字形，金黄色。雄蕊 6 枚，内轮 4 枚长，外轮 2 枚短，称四强雄蕊，雌蕊 1 枚。子房上位，两心室。花柱短，柱头为头状。花内具有蜜腺，为虫媒花。品种之间以及大白菜与小白菜、大白菜和菜薹之间易杂交。果为长角果，圆筒形，有两个心室，中间有一层隔膜，种子着生在两侧。由花谢到种子成熟约 40d，果荚过熟则自裂，每荚含种子 30 粒左右。千粒重 2～3g，种子圆形而微扁，红褐色或灰褐色。一般种子寿命为 4～5 年，生产上多用1～2年内的种子。

二、对环境条件的要求

大白菜喜温和、冷凉的气候，耐轻霜，怕热。幼苗期对温度适应范围较广，生长前期适温 20℃左右。形成产品器官的结球期适温白天为 15～22℃，夜间为 5～12℃，25℃以上不利结球。32℃以上大白菜的呼吸强度超过光合强度。大白菜由于叶大而薄，蒸腾量大，而根系又较浅，因此，对水分条件要求高，要保持土壤湿润。但水分过多会引起烂根，地面潮湿易诱发软腐病和霜霉病。大白菜对土壤养分要求高，尤其对氮肥要求高。进入结球期后钾的吸收量急剧增加。生产 1 000kg 大白菜，需要吸收氮 1.5～2.3kg、磷 0.7～0.9kg、钾 2～3.5kg。

大白菜从萌动的种子开始，即可感应 0～10℃的低温，经过 10～30d，而通过春化阶段。以后在 12～14h 的长日照及较高温度(15～20℃以上)条件下抽薹开花。原产高寒地区的品种，通过阶段发育所要求的低温、长日照条件较严格，而原产南方的耐热早熟品种则相反，很容易通过阶段发育而抽薹开花。春大白菜要避免过早通过阶段发育，而发生先期抽薹。

三、栽培技术

(一)栽培方式与季节

传统栽培方式是露地栽培,秋播冬收。一般采用不同熟性的品种,7 月下旬至 9 月中旬播种,9 月下旬至翌年 1 月采收。反季节生产,可安排春、夏、秋或秋延后播种。

1. 春大白菜

(1)露地栽培。这种方式是露地直播。长江流域多在 3 月下旬播种,过早易发生先期抽薹,5 月下旬至 6 月中旬收获。另一种方式是保护地育苗,露地定植,2 月下旬至 3 月上旬在大棚或小棚内育苗,最好采用穴盘育苗。注意多重覆盖保温,3 月下旬至 4 月初定植,5 月中旬前后开始采收。

(2)保护地栽培。利用地膜和小拱棚覆盖,提前在 3 月上旬直播,由于保护设施白天的增温有“脱春化”作用,因而可防止抽薹,5 月中旬前可开始采收。4 月可分期分批播种,排开上市,和夏天的菜衔接。

2. 夏大白菜

(1)露地直播。江南地区 5～7 月均可播种,播后 50～60d 采收。

(2)遮阳防雨棚栽培。利用夏季空闲大棚顶部覆盖薄膜,再加盖遮阳网,以防雨、遮阳、降温。在最炎热的 6～7 月播种大白菜,仍能正常生长和结球,生产效果比露地好。

(3)山地栽培。利用山地夏季气候较凉爽的有利条件,安排在平原露地较难栽培大白菜的炎热夏季 6～7 月直播,8～9 月采收,可达到平原地遮阳网覆盖栽培的效果。

3.秋或秋延后大白菜

秋播的大白菜多半为直播,秋延后的有直播也有育苗移栽的，前期露地生长，在南昌到了11月中旬后中小棚覆盖防寒，春节前后采收，效益较好。即10月上旬直播，或9月下旬育苗，10月中旬移栽，翌年1月下旬至2月中旬收获。

（二）选地和整地

大白菜连作容易发病，所以，要进行轮作，特别提倡粮菜轮作，水旱轮作。在常年菜地上栽培则应避免与十字花科蔬菜连作，可选择前茬是早豆角、早辣椒、早黄瓜、早番茄的地栽培。种大白菜的地要深耕20～27cm，炕地10～15d，然后把土块敲碎整平，做成1.3～1.7m宽的畦，或0.8m的窄畦、高畦。作畦时要深开畦沟、腰沟、围沟27cm以上，做到沟沟相通。

（三）重施基肥，以有基肥为主

前作收获后，深翻土壤炕地。整地时，每667m^{2}撒施石灰100～150kg。在发生根种病的地块，还得在播种沟内施上适量石灰。要求重施基肥，并将氮、磷、钾搭配好。在7月上旬，按每667m^{2}施40担猪粪、40～50担垃圾肥、75kg左右菜枯、40～50kg钙镁磷混合拌匀，加30～40担人粪尿，并用适量的水浇湿，堆积发酵，外面再盖上一层塑料薄膜，让它充分腐熟，作畦时开沟施入。与此同时，每667m^{2}还要施上10～15kg复合肥。

（四）播种

大白菜一般采用直播，也可育苗移栽。直播以条播为主，点播为辅。在前茬地一时还空不出来时，为了不影响栽培季节，也可采用育苗移栽。不管采用哪种方式，土壤一定要整细整平，直播每667m^{2}用种量200g左右。育苗移栽者，每667m^{2}需苗床15～20m^2，多用撒播的方法，用种量75～100g，直播。播后每667m^{2}用40～50担腐熟人粪尿，并结合进行地面盖子。此后，每天早晚各浇水1次，保持土壤湿润，3～4d即可出苗。大白菜的行株距要根据品种的不同来确定，一般早熟品种为（33～

50)cm×33cm,每667m^{2}留苗3 500株以上;中熟品种为(53~60)cm×(46~53)cm,每667m^{2}留苗2 100~2 300株;晚熟品种为67cm×50cm,每667m^{2}留苗2 000株以下。育苗移栽的,最好选择阴天或晴天傍晚进行。为了提高成活率,最好采用小苗带土移栽,栽后浇上定根水。

(五)田间管理

(1)间苗。2~3片真叶时,进行第1次间苗;5~6片叶时,间第2次苗;7~8片叶就可定苗。按不同品种和施肥水平选定不同的行株距,每穴留1株壮苗,间苗时可结合除草。

(2)追肥。大白菜定植成活后,就可开始追肥。每隔3~4d追1次15%的腐熟人粪尿,每667m^{2}用量4~5担。看天气和土壤干湿情况,将人粪尿对水施用。大白菜进入莲座期应增加追肥浓度,通常每隔5~7d,追1次30%的腐熟人粪尿,每667m^{2}用量15~20担,以及菜枯或麻枯75~100kg。开始包心后,重施追肥并增施钾肥是增产的必要措施,每667m^{2}可施50%的腐熟人粪尿30~40担,并开沟追施草木灰100kg,或硫酸钾10~15kg,这次施肥菜农将其叫做灌心肥。植株封行后,一般不再追肥,如果基肥不足,可在行间酌情施尿素。

(3)中耕培土。为了便于追肥,前期要松土,除草2~3次。特别是久雨转晴之后,应及时中耕炕地,促进根系的生长。莲座中期结合沟施饼肥培土作垄,垄高10~13cm。培垄的目的主要是便于施肥浇水,减轻病害。培垄后粪肥往垄沟里灌,不能沾污叶片。同时,水往沟里灌,不浸湿蔸部。保持沟内空气流通,使株间空气湿度减少,这样可以减少软腐病的发生。

(4)灌溉。大白菜苗期应轻浇勤泼保湿润,莲座期间断性浇灌,见干见湿,适当炼苗;结球时对水分要求较高,土壤干燥时可采用沟灌。灌水时应在傍晚或夜间地温降低后进行,要缓慢灌入,切忌满畦。水渗入土壤后,应及时排出余水。做到沟内不积水,畦面不见水,根系不缺水。一般来说,从莲座期结束后至结球中期,保持土壤湿润是争取大白菜丰产的关键之一。

(5)束叶和覆盖。大白菜的包心结球是它生长发育的必然规律,不需要束叶。但晚熟品种如遇严寒,为了促进结球良好,延迟采收供应,小雪后把外叶扶起来,用稻草绑好,并在上面盖上一层稻草或农用薄膜,能保护心叶免受冻害,还具有软化作用。早熟品种不需要束叶和覆盖。

第二节　结球甘蓝

(一)栽培技术

甘蓝怕涝,要求排水良好,宜采用窄高畦栽培,一般畦宽1.2m,沟宽0.3m,畦高0.25m。甘蓝三要素的吸收量以钾最多,氮次之,磷最少。每公顷施腐熟有机肥22 500～30 000kg作基肥,并在作畦时施入。春甘蓝定植时宜在畦面每公顷铺施有机肥30 000～37 500kg,既能发挥肥效,又能保护根系,防寒保苗。

(二)播种育苗

甘蓝前期生长缓慢,根系再生能力强,适宜育苗移栽。春甘蓝和夏甘蓝在秋冬季和春季播种,气候温和,适宜生长,育苗比较容易。而秋甘蓝和冬甘蓝的播种期正值盛暑,且多台风暴雨,育苗须注意以下3点:一是选通风凉爽、接近水源、排水良好、前作非十字花科蔬菜、疏松肥沃、病虫源少的地块作苗床;二是应用遮阳网等覆盖材料搭设凉棚,起遮阴避雨作用,但要注意勤揭勤盖,阴天不盖,前期盖,后期不盖;三是假植,利用假植技术既能节约苗床面积,又便于管理,并能促进侧根发生,选优去劣,使秋苗齐壮。一般在幼苗具2～3片真叶时假植,苗间距6～10cm。

(三)定植

当甘蓝具有6～7片真叶时应及时定植,适宜苗龄为40d左右,气温高则苗龄短,气温低苗龄长。定植时要尽可能带土。定植密度视品种、栽培季节和施肥水平而定,一般早熟品种每公顷种 60 000 株,中熟品种 45 000 株,晚熟品种 30 000 株。

(四)肥水管理

甘蓝的叶球是营养贮藏器官,也是产品器官,要获得硕大的叶球,首先要有强盛的外叶,因此,必须及时供给肥水促进外叶生长和叶球的形成。定植后及时浇水,随水施少量速效氮,可加速缓苗。为使莲座叶壮而不旺,促进球叶分化和形成,要进行中耕松土,提高土温,促使蹲苗。从开始结球到收获是甘蓝养分吸收强度最大的时期,此时保证充足的肥水供应是长好叶球的物质基础。追肥数量根据不同品种、计划产量和基肥而定。早熟品种结球期短,前期增重快,因此,在蹲苗结束、结球初期要及时分两次追肥,每次每公顷施 150kg 尿素。注意从结球开始要增施钾肥。甘蓝喜水又怕涝,缓苗期应保持土壤湿润,叶球形成期需要大量水分,应及时供给,雨后和沟灌后及时排除沟内积水,防止浸泡时间过长,发生沤根损失。

(五)采收

一般在叶球达到紧实时即可采收。早秋和春季蔬菜淡季时,叶球适当紧实也可采收上市。叶球成熟后如天气暖和、雨水充足则仍能继续生长,如不及时采收,叶球会发生破裂,影响产量和品质。采用铲断根系的方法可以比较有效地防止裂球,延长采收供应期。

第三节　花椰菜

花椰菜又名菜花、西兰花,是甘蓝种中以花球为产品的一个变种,原产地中海沿岸。

一、生物学特性

(一)主要形态特征

1. 根

主根基部粗大,根系发达,主要根群分布在 30cm 耕作层内。

2. 茎

营养生长阶段为短缩茎,营养阶段发育完成后抽生花茎,见下图。

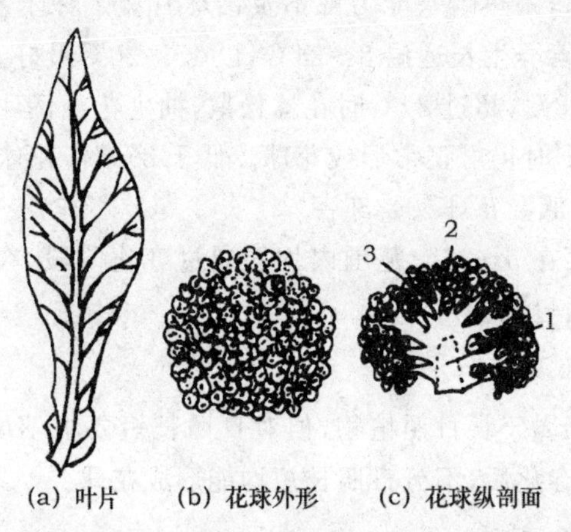

(a) 叶片　(b) 花球外形　(c) 花球纵剖面

图　花椰菜的叶片和花球

1. 花薹;2. 花枝;3. 花蕾

3. 叶

叶片狭长,披针形或长卵形,营养生长期具有叶柄,并具裂叶,叶面无毛,表面有蜡粉。

4. 花

复总状花序,完全花,异花授粉。

5. 果实和种子

长角果,每角果含种子10余粒。种子圆球形,紫褐色,千粒重2.5～4.0g。

(二)生长发育周期

花椰菜的生长发育周期与结球甘蓝相似,只是在莲座期结束后进入花球生长期。

(三)对环境条件的要求

1. 温度

喜冷凉,耐热耐寒能力都不及结球甘蓝。种子发芽适温为20～25℃,营养生长适温8～24℃,以15～20℃最好。花球形成适温15～18℃,超过24℃时花球松散,抽生花薹,但一些早熟耐热品种25℃时仍可正常形成花球。低于8℃时,花球生长缓慢,遇0℃以下低温花球易受冻害。

花椰菜在5～25℃范围内均能通过春化阶段,在10～17℃大幼苗时通过最快。

2. 光照

花椰菜属于长日照植物,但对日照长短要求不如结球甘蓝严格,通过春化后,不分日照长短均能形成花球。

3. 湿度

喜湿润环境,不耐干旱,也不耐涝。

4. 土壤营养

适于土质疏松、耕作层深厚的肥沃土壤,最适土壤pH值6.0～7.0。喜肥耐肥。对硼、镁等元素有特殊要求,缺硼常引起花茎中空或开裂;缺镁时下部叶变黄。

二、栽培季节与茬口安排

露地栽培季节主要是春、秋两季。南方亚热带区,一般在

7～11月依品种熟性不同排开播种，10月至翌年4月收获。长江、黄河流域，春茬10～12月播种，翌年3～6月收获；秋茬6～8月播种，10～12月收获。华北地区，春茬2月上中旬播种，5月中下旬收获；秋茬6月下旬至7月上旬播种，10～11月收获。北方寒冷地区，春茬2～3月播种，6～7月收获；夏茬4月播种，8月收获；秋茬6月播种，9～10月收获。

三、栽培技术

(一)秋花椰菜栽培技术

1. 品种选择

可选择白峰、雪山、荷兰雪球等品种。

2. 育苗

花椰菜种子价格较高，一般用种量较小，育苗中要求管理精细。在夏季和秋初育苗时，天气炎热，有时有阵雨，苗床应设置荫棚或用遮阳网遮阴。苗床土要求肥沃，床面力求平整。适当稀播。一般每10m^{2}播种量50g，可得秧苗1万株以上。当幼苗出土浇水后，覆细潮土1～2次。播种后20d左右，幼苗3～4片真叶时，按大小进行分级分苗，苗间距为8cm×10cm。定植前在苗畦上划土块取苗，带土移栽。

有条件的地区也可采用穴盘育苗，采用108孔穴盘，点播方式育苗。幼苗长到3～4片真叶时进行分苗。以后管理同苗床育苗。

3. 施肥

作畦一般采用低畦或垄畦栽培。多雨及地下水位高的地区，应采用深沟高畦栽培。

一般每667m^{2}施厩肥3～5m^3、过磷酸钙15～20kg、草木灰50kg。施肥后深翻地，使肥土混合均匀。

4. 定植

一般早熟品种在幼苗5～6片真叶、苗龄30d左右时定植；

中、晚熟品种在幼苗7～8片真叶、苗龄40～50d时定植。

定植密度:小型品种40cm×40cm,大型品种60cm×60cm,中熟品种介于两者之间。

5. 田间管理

(1)肥水管理。在叶簇生长期选用速效性肥料分期施用,花球开始形成时加大施肥量,并增施磷、钾肥。追肥结合浇水进行,结球期要肥水并重,花球膨大期2～3d浇一水。缺硼时可叶面喷0.2%硼酸液。

(2)中耕除草、培土。生长前期进行2～3次中耕,结合中耕对植株的根部适量培土,防止倒伏。

(3)保护花球。花椰菜的花球在日光直射下,易变淡黄色,并可能在花球中长出小叶,降低品质。因此,在花球形成初期,应把接近花球的大叶主脉折断,覆盖花球,覆盖叶萎蔫发黄后,要及时换叶覆盖。

有霜冻地区,应进行束叶保护。注意束扎不能过紧,以免影响花球生长。

6. 收获

适宜采收标准:花球充分长大,表面圆整,边缘尚未散开。如采收过早,影响产量;采收过迟,花球表面凹凸不平,颜色变黄,品质变劣。

为了便于运输,采收时,每个花球最好带有3～4片叶子。

(二)木立花椰菜栽培技术

1. 品种选择

露地栽培宜选用早熟耐热品种;设施栽培宜选择耐寒性强的中晚熟品种。

2. 整地、施肥

一般每667m^2施优质有机肥5m^3、过磷酸钙30～40kg、草木灰50kg。铺施基肥后深耕细耙,做成1.3～1.5m宽的低畦。

3. 定植

在幼苗长到5～6片真叶时定植。一般每畦栽2行,株距30～40cm,定植密度每667m^2 2 500株左右。早熟品种可适当密植,每667m^{2}3 000株左右。

4. 肥水管理

绿菜花需水量大,在花球形成期要及时浇水,保持土壤湿润。多雨地区或季节要及时排水,防止积水沤根。

5. 采收

在植株顶端的花球充分膨大、花蕾尚未开放时采收为宜。采收过晚易造成散球和开花。采收时,将花球下部带花茎10cm左右一起割下。

顶花球采收后,植株的腋芽萌发,并迅速长出侧枝,于侧枝顶端又形成花球,即侧花球。当侧花球长到一定大小、花蕾尚未开放时,可再进行采收。一般可连续采收2～3次。

第四节　白菜类蔬菜病虫害及防治技术

一、白菜黑腐病

白菜黑腐病又名半边瘫,以夏秋季高温多雨季节发病重。病株率为20%左右,轻度影响生产,病重地块发病率可达100%,明显影响产量和质量。全国各地均有发生。为害作物有甘蓝、花椰菜、苤蓝、大白菜、萝卜、油菜等,贮藏期继续为害,为大白菜生产中的主要病害之一。

(一)症状

幼苗出土前受害不能出土,或出土后枯死。成株期发病,叶部病斑多从叶缘向内发展,形成"V"字形的黄褐色枯斑,病斑周围淡黄色;病菌从气孔侵入,则在叶片上形成不定形淡黄褐色病斑,有时病斑沿叶脉向下发展成网状黄脉,叶中肋呈淡褐色,病部干腐,叶片向一边歪扭,半边叶片或植株发黄,部分外叶干枯、脱落,严重时植株倒瘫,湿度大时病部产生黄褐色菌溢或油浸状湿腐,干后似透明薄纸。茎基腐烂,植株萎蔫,纵切可见髓中空。种株发病,叶片脱落,花薹髓部暗褐色,最后枯死,叶部病斑"V"字形。黑腐病病株无臭味,有霉菜干味,可区别于软腐病。

(二)防治方法

1. 农业防治

(1)选用抗病的青帮、直筒形品种。

(2)实行2～3年轮作,与非十字花科作物隔年轮作,邻作也忌十字花科作物,最好是水旱轮作。

(3)适时播种,适期蹲苗。夏季大白菜播期可适当提前,秋冬大白菜播期可适当延后,以避开高温和多雨季节。深翻土地,减少病源。施足有机肥,增施磷、钾肥,施用充分腐熟的圈肥。

(4)尽量选温室或大棚育苗,选土壤肥沃、疏松透气、光照好、前茬种豆或葱蒜的菜园土为好。

2. 物理防治

播种前用50℃温水浸泡30min进行种子消毒。

3. 药剂防治

(1)用0.1%代森铵液浸种15min,或者45%代森铵水剂300倍液浸种15～20min,洗净晾干后播种。或用农抗751杀菌剂100倍液15ml浸拌200g种子,阴干后播种。或每千克种子用漂白粉10～20g加少量水,将种子拌匀,后放入容器内封存16h,均可有效杀死种子上的病原。

(2)用种子重量0.4%的50%琥胶肥酸铜可湿性粉剂拌种,或用干种重量0.3%的50%福美双可湿性粉剂或75%百菌清可湿性粉剂拌种。一旦发病及时喷75%百菌清可湿性粉剂600倍液,或72%农用硫酸链霉素可溶性粉剂连喷3～4次。对铜剂敏感的品种须慎用。

二、白菜白斑病

可以为害白菜类蔬菜、萝卜、芥菜、芜菁等，发病率为20%～40%，重病地块或重病年份病株率可以达到80%～100%。

(一)症状

主要为害叶片。发病初期叶片上散生灰褐色细小斑点，后渐扩大呈圆形病斑，病斑中部渐变为灰白色，边缘有淡黄绿色晕圈。潮湿时病斑背面生一层淡淡的灰霉，后期病斑呈白色半透明薄纸状，易破裂穿孔。严重时许多病斑连成一片，引起叶片干枯死亡。

(二)防治方法

1. 农业防治

(1)选用抗病品种。

(2)与非十字花科蔬菜隔年轮作。

(3)清沟沥水；适期播种，增施有机肥；收获后及时清除田间病残体。

2.物理防治

温汤浸种。可用50℃温水浸种20min，须不断加热水，保持水温不变，并不断搅拌，使种子受热均匀后，移入冷水中冷却，晾干播种。

3.药剂防治

(1)用种子重量0.3%的25%甲霜灵可湿性粉剂，或用种子重量0.4%的75%百菌清可湿性粉剂或70%代森锰锌可湿性粉剂拌种。

(2)发病初期喷80%代森锰锌可湿性粉剂600倍液，或70%代森锰锌可湿性粉剂400倍液，或50%多福可湿性粉剂600～800倍液，或25%多菌灵可湿性粉剂400～500倍液，或40%多硫悬浮剂800倍液，或50%多霉灵威可湿性粉剂800倍液，或65%乙霉威可湿性粉剂1 000倍液，或75%百菌清可湿性粉剂600倍液,或50%苯菌灵可湿性粉剂1 500倍液,或50%腐霉利可湿性粉剂1 000倍液,或50%异菌脲可湿性粉剂1 000倍液,或50%乙烯菌核利可湿性粉剂1 000倍液,或50%利得可湿性粉剂800倍液,或80%大生可湿性粉剂500倍液,或50%福美双可湿性粉剂500倍液,或65%杀毒矾可湿性粉剂500倍液。每隔15d喷1次,连续2～3次。

三、菜粉蝶

菜粉蝶俗称"菜青虫",各地普遍发生,且为害严重,主要为害十字花科蔬菜。属于鳞翅目粉蝶科。

(一)症状

以幼虫为害叶片,成虫不为害。幼龄幼虫只啃食叶片一面表皮及叶肉,残留另一面表皮,呈透明斑状,俗称"开天窗"。3龄以后可将叶片吃成空洞和缺刻。如果虫量多、为害严重时可将叶片吃光,仅留叶脉和叶柄。幼虫排在菜叶上的虫粪能污染叶片及菜心。幼虫造成的伤口还易诱发软腐病。

(二)防治方法

(1)及时清除田间枯枝落叶,消灭一部分幼虫和蛹。

(2)生物防治。可采用细菌杀虫剂,Bt乳剂或青虫菌6号500～600倍液,喷雾防治。另外,还要保护、利用寄生蜂,在寄生蜂盛发期间,尽量减少使用化学农药,也可在11月中下旬释放蝶蛹金小蜂,提高当年的寄生率,控制翌年早春菜青虫发生。

(3)化学防治。发生量较大时及时施药防治,可用阿维菌素等药剂喷布。

第七章　绿叶类蔬菜栽培

第一节　芹　菜

芹菜,别名旱芹、药芹,伞形科二年生蔬菜,原产于地中海沿岸的沼泽地带。芹菜在我国南北方都有广泛栽培,在叶菜类中占重要地位。芹菜含有丰富的矿物盐类、维生素和挥发性的特殊物质,叶和根可提炼香料。

一、形态特征

1. 根

浅根系,主要根群密集于 10～20cm 土层内,横向伸展直径为 30cm,吸收面积小,不耐旱和涝。

2. 茎

营养生长期为短缩茎,生殖生长期抽生为花茎。

3. 叶

叶片着生于短缩茎的基部,为奇数二回羽状复叶。叶柄长而肥大,为主要食用部分,颜色因品种而异,有浅绿、黄绿、绿色和白色。叶柄上有由维管束构成的纵棱,其间充满着薄壁细胞,在维管束附近的薄壁细胞中分布油腺,分泌具有特殊气味的挥发油。维管束的外层是厚角组织,其发达程度与品种和栽培条件密切相关。若厚角组织过于发达,则纤维增多,品质降低。

4. 花、果实及种子

复伞形花序，花小，白色，异花传粉。双悬果，果实圆球形，棕褐色，含挥发油，外皮革质，种子千粒重约0.4g。

二、对环境条件的要求

芹菜为半耐寒蔬菜，喜冷凉温和的气候。种子发芽适温为：15～20℃；叶的生长适温为：白天20～25℃，夜间10～18℃，地温13～23℃。幼苗可耐－5～－4℃的低温和30℃的高温，成株可耐－10～－1℃的低温。生殖生长适温为15～20℃。芹菜属绿体春化型，具有3～4片真叶的幼苗，在2～5℃的低温下经过10～15d可完成春化。

芹菜属低温长日照作物，在长日照条件下抽薹、开花、结实。幼苗期光照宜充足，生长后期光照宜柔和，以提高产量和品质。种子发芽需弱光，在黑暗条件下发芽不良。

芹菜对土壤湿度和空气湿度要求均较高。土壤干旱、空气干燥时，叶柄中的机械组织发达，纤维增多，薄壁细胞破裂使叶柄空心，品质下降。

芹菜宜在富含有机质、保水肥能力强的壤土或黏壤土中栽培，对土壤酸碱度适应范围为pH值6.0～7.6。全生长期以施氮肥为主。幼苗期宜增施磷肥，促发根壮秧并加速第一叶节伸长，为叶柄生长奠定基础；后期宜增施钾肥以使叶柄充实粗壮，并限制叶柄无节制地伸长。缺硼时叶柄会产生褐色裂纹；缺钙时易发生干烧心病。每生产1 000kg芹菜需要氮0.4kg、磷0.14kg、钾0.6kg。

芹菜分本芹和洋芹两类，见下图。洋芹为芹菜的一个变种，从国外引入。洋芹与本芹比较，叶柄较宽，厚而扁，纤维少，纵棱突出，多实心，味较淡，产量高。

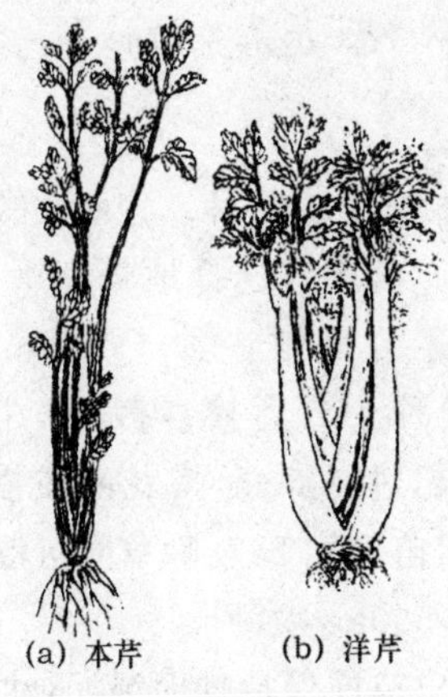

图　本芹与洋芹

三、栽培技术

(一)茬口安排

芹菜最适宜于春、秋两季栽培,而以秋栽为主。因幼苗对不良环境有一定的适应能力,故播种期不严格,只要能避过先期抽薹,并将生长盛期安排在冷凉季节就能获得优质丰产。江南从2月下旬至10月上旬均可播种,周年供应;北方采用保护地与露地多茬口配合,亦能周年供应,见下表。

表　芹菜周年茬口安排

栽培方式	播期(月/旬)	定植(月/旬)	收供(月/旬)	备注
大棚秋茬	6/下	8/下	11/上～12月	10月下旬盖棚膜
日光温室秋冬茬	7/中～8/上	9/中～10/上	翌年1～2	露地育苗
露地春茬	1/中～2/上	3/下～4/上	5/下～6/上	设施育苗
露地夏茬	4/下～5/中	6/下～7/中	8/中～9/中	6月下旬盖遮阳网
露地秋茬	6/上中	8/上中	10/中～11/上	遮阳网育苗

(二)日光温室秋冬茬芹菜栽培技术

1. 育苗

(1)播种。宜选用实心品种。定植 $667m^2$ 需 200g 种子、$50m^2$ 左右的育苗床。苗床宜选择地势高燥、排灌便利的地块，做成 1.0～1.5m 宽的低畦。种子用 5mg/L 的赤霉素或 1 000mg/L的硫脲浸种 12h 后掺沙撒播。播前把苗床浇透底水，播后覆土厚度不超过 0.5cm，搭花阴或搭遮阴棚降温，亦可与小白菜混播。播后苗前用 25%除草醚可湿性粉剂 11.25～15 kg/hm^2 对水 900～1 500kg 喷洒。

(2)苗期管理。出苗前保持畦面湿润，幼苗顶土时浅浇一次水，齐苗后每隔 2～3d 浇一小水，宜早晚浇。小苗长有 1～2 片叶时覆一次细土并逐渐撤除遮阴物。幼苗长有 2～3 片叶时间苗，苗距 2cm 左右，然后浇一次水。幼苗长有 3～4 片叶时结合浇水追施少量尿素($75kg/hm^2$)，苗高 10cm 时再随水追一次氮肥。苗期要及时除草。当幼苗长有 4～5 片叶、株高 13～15cm 时定植。

2. 定植

土壤翻耕、耙平后先做成 1m 宽的低畦，再按畦施入充分腐熟的粪肥 45 000～75 000kg/hm^2，并掺入过磷酸钙 450 kg/hm^2，深翻 20cm，粪土掺匀后耙平畦面。定植前一天将苗床浇透水，并将大小苗分区定植，随起苗随栽随浇水，深度以不埋没菜心为度。洋芹定植密度 24～28cm，本芹定植密度 10cm。

3. 定植后管理

(1)肥水管理。缓苗期间宜保持地面湿润，缓苗后中耕蹲苗促发新根，7～10d 后浇水追肥(粪稀 15 000kg/hm^2)，此后保持地面经常湿润。20d 后随水追第二次肥(尿素 450kg/hm^2)，并随着外界气温的降低适当延长浇水间隔时间，保持地面见干见湿，防止湿度过大感病。

(2)温、湿度调控。芹菜敞棚定植，当外界最低气温降至10℃以下时应及时上好棚膜。扣棚初期宜保持昼夜大通风；降早霜时夜间要放下底角膜；当温室内最低温度降至10℃时，夜间关闭放风口。白天当温室内温度升至25℃时开始放风，午后室温降至15～18℃时关闭风口。当温室内最低温度降至7～8℃时，夜间覆盖草苫防寒保温。

4. 采收

一般进行擗收。当叶柄高度达到67cm以上时陆续擗叶。擗叶前一天浇水，收后3～4d内不浇水，见心叶开始生长时再浇水追肥。春节前后可一次将整株收完，为早春果菜类腾地。

(三)露地秋茬芹菜栽培技术

露地秋茬芹菜育苗技术和定植方法、密度与日光温室秋冬茬芹菜的相似。前茬宜选择春黄瓜、豆角或茄果类，选择排灌便利的地块栽培芹菜。播种前对种子进行低温处理，可促进种子发芽。

露地秋茬芹菜定植后缓苗期间宜小水勤浇，保持地表湿润，促发根缓苗。缓苗后结合浇水追一次肥(尿素150～225 kg/hm^2)，然后连续进行浅中耕，促叶柄增粗，蹲苗10d左右。此后一直到秋分前每隔2～3d浇一次水，若天气炎热则每天小水勤浇。秋分后株高25cm左右时，结合浇水追第二次肥(尿素300～375kg/hm^2)。株高30～40cm以上时，随水追第三次肥并加大浇水量，地面勿见干。霜降后，气温明显降低，应适当减少浇水，否则影响叶柄增粗。准备贮藏的芹菜应在收获前一周停止浇水。

培土软化芹菜，一般在苗高约30cm时进行，注意不要使植株受伤，不让土粒落入心叶之间，以免引起腐烂。培土一般在秋凉后进行，早栽的培土1～2次，晚栽的3～4次，每次培土高度以不埋没心叶为度。

准备冬贮后上市的芹菜应在不受冻的前提下尽量延迟收获。芹菜株高60～80cm,即可陆续采收。

第二节　菠　菜

菠菜又称波斯草、赤根菜、红根菜,是藜科菠菜属绿叶蔬菜。以绿叶为主要产品器官。原产伊朗,目前,世界各国普遍栽培。在我国分布很广,是南北各地普遍栽培的秋、冬、春季的主要蔬菜之一。

一、形态特征

菠菜主根发达,较粗大,侧根不发达,主要根群分布在25～30cm耕层内。抽薹前叶着生在短缩的盘状茎上。叶戟形或卵形,色浓绿,质软,叶柄较长,花茎上叶小。叶腋着生单性花,少有两性花,雌雄异株,风媒花;菠菜植株的性型表现一般有4种。

(1)绝对雄株。植株较矮小,花茎上叶片不发达或呈鳞片状。复总状花序,只生雄花,抽薹早,花期短。

(2)营养雄株。植株较高大,基生叶较多而大,雄花簇生于花茎叶腋,花茎顶部叶片较发达。抽薹较晚,花期较长。

(3)雌性植株。植株高大,茎生叶较肥大,雌花簇生于花茎叶腋,抽薹较雄株晚。

(4)雌雄同株。植株上有雄花和雌花。种子圆形,外有革质的果皮,水分和空气不易透入,发芽较慢。

二、对环境条件的要求

菠菜是绿叶菜类耐寒力最强的一种,成株在冬季最低气温为－10℃左右的地区,都可以露地越冬。菠菜种子发芽最适温度为15～20℃,叶面积的增长以日平均气温20～25℃增长最快;在干热条件下,叶片窄薄瘦小,质地粗糙有涩味,品质较差。

菠菜是长日照蔬菜。温度和光照对菠菜的孕蕾、抽薹、开花有交互作用。

花器的发育、抽薹和开花随温度的升高和日照加长而加速。要提高菠菜的个体产量，应当在播后的叶片生长期有20℃左右的温度，日照逐渐缩短，使叶原基分生快，花芽分化慢，争取较多的叶数。

菠菜在生长过程中需要大量水分。在空气相对湿度80％～90％，土壤湿度70％～80％的条件下，营养生长旺盛，叶肉厚，品质好，产量高。生长期间缺水，生长速度减缓，叶组织老化，纤维增多，品质差。

菠菜适宜pH值5.5～7.0、保水保肥力强的肥沃土壤，以及氮、磷、钾完全肥料，不仅提高产量，增进品质，而且可以延长供应期。

三、栽培技术

（一）茬口安排

菠菜在日照较短和冷凉的环境条件有利于叶簇的生长，而不利于抽薹开花。菠菜栽培的主要茬口类型有早春播种，春末收获，称春菠菜；夏播秋收，称秋菠菜；秋播翌春收获，称越冬菠菜；春末播种，遮阳网、防雨棚栽培，夏季收获，称夏菠菜。大多数地区菠菜的栽培以秋播为主。

（二）土壤的准备

播种前整地深25～30cm，施基肥，作畦宽1.3～2.6m，也有播种后即施用充分腐熟粪肥，可保持土壤湿润和促进种子发芽。

（三）种子处理和播种

菠菜种子是胞果，其果皮的内层是木栓化的厚壁组织，通气和透水困难。为此，在早秋或夏播前，常先进行种子处理，将种子用凉水浸泡约12h，放在4℃条件下处理24h，然后在20～

25℃条件下催芽,或将浸种后的种子放入冰箱冷藏室中,或吊在水井的水面上催芽,出芽后播种。菠菜多采用直播法,以撒播为主,也有条播和穴播的。9～10 月播种,气温逐渐降低,可不进行浸种催芽,每公顷播种量为 50～75kg。在高温条件下栽培或进行多次采收的,可适当增加播种量。

(四)施肥

菠菜发芽期和初期生长缓慢,应及时除草。秋菠菜前期气温高,追肥可结合灌溉进行,可用 20%左右腐熟粪肥追肥;后期气温下降浓度可增加至 40%左右。越冬的菠菜应在春暖前施足肥料,在冬季日照减弱时应控制无机肥的用量,以免叶片积累过多的硝酸盐。分次采收的,应在采收后追肥。

(五)采收

秋播菠菜播种后 30d 左右,株高 20～25cm 可以采收。以后每隔 20d 左右采收 1 次,共采收 2～3 次,春播菠菜常 1 次采收完毕。

第三节　莴　苣

莴苣包括茎用莴苣和叶用莴苣。茎用莴苣是以其肥大的肉质嫩茎为食用部位,嫩茎细长有节似笋,因此,俗称莴笋或莴苣笋。莴笋去皮后,笋肉水多质嫩,风味鲜美,深受人民的喜爱。叶用莴苣又名生菜,以生食叶片为主,又分为散叶生菜和结球生菜。叶用生菜含有大量的维生素和铁质,具有一定的医疗价值。叶用莴苣在西餐中作为色拉冷盘食用,栽培和食用非常广泛,有些国家将黄瓜、番茄和莴苣称之为保护地三大蔬菜。

一、形态特征

中国有叶用莴苣和茎用莴苣两种,叶用莴苣在我国广大农村作为自给性生产普遍栽培，以叶的颜色分为紫叶、浅绿色叶和深绿色叶；以叶形分有皱叶和平滑叶两种。品种有散叶莴苣和结球莴苣两种，特别是近年来由国外引进结球莴苣，品质脆嫩，结球较紧，抽薹较晚，抗寒性较强，产量高，品质好，栽培面积逐年扩大。

茎用莴苣即莴笋，有圆叶和尖叶两种类型，圆叶种莴笋的茎短粗，叶淡绿，质脆嫩，早熟，耐寒。尖叶的有紫叶和绿叶两种，生长期长，产量较高，晚熟，叶面略皱，节间较稀，抗寒性稍差。

当前栽培的散叶莴苣品种有广东生菜等；结球莴苣的品种有爽脆（Crispy）、大湖 118（Great lakes 118）、大湖 659～700（Great lakes 659～700）及玛莎 659（Mesa 659）等。

圆叶莴笋的品种包括北京的鲫瓜笋、上海中圆叶、上海大圆叶、济南白莴笋、陕西圆莴笋、四川挂丝红等；尖叶莴笋的品种有济南柳叶笋、北京紫莴笋、成都尖叶子、武汉红叶、上海尖叶、南京白皮香及陕西尖叶等。

二、露地莴苣栽培技术

（一）莴笋栽培技术

1. 春莴笋

（1）播种期。在一些露地可以越冬的地区常实行秋播，植株在 6～7 片真叶时越冬。春播时，各地播种时间比早甘蓝稍晚些，一般均进行育苗。

（2）育苗。播种量按定植面积播种 $1kg/hm^2$ 左右，苗床面积与定植面积之比约为 1∶20。出苗后应及时分苗，保持苗距 4～5cm。苗期适当控制浇水，使叶片肥厚、平展，防止徒长。

（3）定植。春季定植，一般在终霜前 10d 左右进行。秋季定植，可在土壤封冻前 1 个月的时期进行。定植时植株带 6～7cm 长的主根，以利缓苗。定植株行距分别为 30～40cm。

(4)田间管理。秋播越冬栽培者,定植后应控制水分,以促进植株发根,结合中耕进行蹲苗。土地封冻以前用马粪或圈粪盖在植株周围保护茎以防受冻,也可结合中耕培土围根。返青以后要少浇水多中耕,植株"团棵"时应施一次速效性氮肥。长出两个叶环时,应浇水并施速效性氮肥与钾肥。

(5)收获。莴笋主茎顶端与最高叶片的叶尖相平时("平口")为收获适期,这时茎部已充分肥大,品质脆嫩,如收获太晚,花茎伸长,纤维增多,肉质变硬甚至中空。

2. 秋莴笋

秋莴笋的播种育苗期正处高温季节,昼夜温差小,夜温高,呼吸作用强,容易徒长,同时,播种后的高温长日照使莴笋迅速花芽分化而抽薹,所以能否培育出壮苗及防止未熟抽薹是秋莴笋栽培成败的关键。

选择耐热不易抽薹的品种,适当晚播,避开高温长日照时间。培育壮苗,控制植株徒长。定植时植株日历苗龄在25d左右,最长不应超过30d,4～5片真叶大小。注意肥水管理,防止茎部开始膨大后的生长过速,引起茎的品质下降。为防止莴笋的未熟抽薹,可在莴笋封行,基部开始肥大时,用500～1 000mg/kg的MH或600～1 000mg/kg的CCC喷叶面2～3次,可有效地抑制薹的抽长,增加茎重。

(二)结球莴苣栽培技术

结球莴苣耐寒和耐热能力都较弱,主要安排在春、秋两季栽培。春茬在2～4月,播种育苗。秋季在8月育苗。3片真叶时进行分苗,间距6cm×6cm。5～6片叶时定植,株行距各25～30cm。栽植时不宜过深,以避免田间发生叶片腐烂。缓苗后浇1～2次水,并结合中耕。进入结球期后,结合浇水,追施硫酸铵200～300kg/hm^2。结球前期要及时浇水,后期应适当控水,防止发生软腐和裂球。

春季栽培时，结球莴苣花薹伸长迅速，收获太迟会发生抽薹，使品质下降。结球莴苣质地嫩，易碰伤和发生腐烂，采收时要轻拿轻放。

三、保护地莴苣栽培

根据栽培地的特点以及保护地的不同类型，不同的栽培季节所创造的温度条件，合理地安排育苗和定植期是非常重要的。如以大棚栽培来说，东北部地区，应在3月中下旬定植，4月中下旬收获；东北中南部，3月上旬定植，4月上中旬采收。

（一）叶用莴苣的保护地栽培

1. 莴苣育苗技术

（1）种子处理。播种可用干籽，也可用浸种催芽。用干籽播种时，播种前用相当于种子重量0.3%的75%百菌清粉剂拌种，拌后立即播种，切记不可隔夜。浸种催芽时，先用20℃左右清水浸泡3～4h，搓洗捞出后控干水，装入纱布袋或盆中，置于20℃处催芽，每天用清水淘洗一次，同样控干继续催芽，2～3d可出齐。夏季催芽时，外界气温过高，要置于冷凉地方或置于恒温箱里催芽，温度掌握在15～20℃。

（2）播种。选肥沃沙壤土地，播前7～10d整地，施足底肥。栽培田需要苗床6～10m^2/667m^2，用种30～50g。苗床施过筛粪肥10kg/10m^2，硫酸铵0.3kg、过磷酸钙0.5kg和氯化钾0.2kg，也可用磷酸二铵或氮磷钾复合肥折算用量代替。整平作畦，播前浇足水，水渗后，将种子混沙均匀撒播，覆土0.3～0.5cm。高温时期育苗时，苗床也需遮阳防雨。

（3）播后及苗期管理。播后保持20～25℃，畦面湿润，3～5d可出齐苗。出苗后白天18～20℃，夜间1～8℃。幼苗在两叶一心时，及时间苗或分苗。间苗苗距3～5cm；分苗在5cm×5cm的塑料营养钵中。间苗或分苗后，可用磷酸二氢钾喷或随水浇一次。苗期喷1～2次75%百菌清或甲基托布津防病。苗龄期在25～35d长有4～5片真叶时定植。

2. 定植后田间管理

定植后一般分2～3次追肥。定植后7～10d结合浇水追肥,一般追速效肥。早熟种在定植后15d左右,中晚熟种在定植后20～30d,进行一次重追肥,用硝酸铵10～15kg/667m^2。以后视情况再追一次速效氮肥。

结球莴苣根系浅,中耕不宜深,应在莲座期前中耕1～2次,莲座期后基本不再中耕。

3. 采收

结球莴苣成熟期不很一致,要分期采收,一般在定植后35～40d即可采收。采收时叶球宜松紧适中,成熟差的叶球松,影响产量;而收获过晚,叶球过紧容易爆裂和腐烂。收割时,自地面割下,剥除地面老叶,若长途运输或贮藏时要留几片外叶来保护主球及减少水分散失。

(二)茎用莴苣(莴笋)的保护地栽培

莴笋育苗和定植可参照结球莴苣的方式进行。定植缓苗后要先蹲苗后促苗。一般是在缓苗后及时浇一次透水,接着连续中耕2～3次,再浇一次小水,然后再中耕,直到莴笋的茎开始膨大时结束蹲苗。

在缓苗后结合缓苗水追肥一次,当嫩茎进入旺盛生长期再追肥一次,每次追施硝酸铵10～15kg。

在嫩茎膨大期可用500～1 000mg/L青鲜素进行叶面喷洒一次,在一定程度上能抑制莴笋抽薹。

莴笋成熟时心叶与外叶最高叶一齐,株顶部平展,俗称“平口”。此时嫩茎已长足,品质最好,应及时收获。生长整齐2～3次即可收完,用刀贴地割下,顶端留下4～5片叶,其他叶片去掉,根部削净上市。

第四节　绿叶菜类蔬菜病虫害及防治技术

一、霜霉病

(一)症状

主要为害叶片。病斑初呈淡绿色小点,边缘不明显,扩大后呈现不规则形,大小不一,直径3～17mm,叶背病斑上产生灰白色霉层,后变灰紫色。病斑从植株下部向上扩展,干旱时病叶枯黄,湿度大时多腐烂,严重的整株叶片变黄枯死,有的菜株呈现萎缩状,多为冬前系统侵染所致。

(二)防治方法

田内发现系统侵染的萎缩株后,要及时拔除;合理密植;发病初期交替喷洒甲霜灵锰锌、杀毒矾、普力克等。

二、芹菜叶斑病

(一)症状

主要为害叶片。叶上初呈黄绿色水渍状斑,后发展为圆形或不规则形,大小4～10mm,病斑灰褐色,边缘色稍深不明晰,严重时病斑扩大汇合成斑块,终致叶片枯死。茎或叶柄上病斑椭圆形,3～7mm,灰褐色,稍凹陷。发病严重的全株倒伏。高湿时,上述各病部均长出灰白色霉层,即病菌分生孢子梗和分生孢子。

(二)防治方法

选用耐病品种;种子消毒;合理密植;发病初期交替喷洒多菌灵、甲基托布津、可杀得等,保护地内可选用5%百菌清粉尘剂或百菌清烟剂进行防治。

三、芹菜软腐病

(一)症状

主要发生于叶柄基部或茎上。先出现水渍状、淡褐色纺锤形或不规则形凹陷斑,后呈湿腐状,变黑发臭,仅残留表皮。

(二)防治方法

避免伤根,培土不宜过高,以免把叶柄埋入土中,雨后及时排水;发现病株及时挖除并撒入生石灰消毒;发病初期交替喷洒农用硫酸链霉素、新植霉素、络氨铜水剂、琥胶肥酸铜、CT 杀菌剂等。

四、小白菜、菜薹花叶病

(一)症状

在新长出的嫩叶上产生明脉,后出现斑驳,病叶多畸形,植株矮缩,结荚少,种子不实粒多,发芽率低。

(二)防治方法

选育抗病品种;定植时注意剔除病苗、弱苗;合理施肥,促进白菜生长;及时防治传毒蚜虫;药剂防治同白菜类。

主要参考文献

[1]焦自高,张守才.蔬菜设施栽培技术.北京:高等教育出版社,2010.

[2]张福墁.设施园艺学.北京:中国农业大学出版社,2010.

[3]陈贵林.大棚日光温室稀特菜栽培技术.北京:金盾出版社,2007.

[4]杨祖衡.设施园艺技能训练及综合实习.北京:高等教育出版社,2008.

[5]河北农业大学蔬菜系.实验蔬菜园艺学,2009.